苹果
实用栽培技术

PINGUO SHIYONG ZAIPEI JISHU

李林光　主编

中国科学技术出版社
·北　京·

图书在版编目（CIP）数据

苹果实用栽培技术 / 李林光主编 . —北京：
中国科学技术出版社，2018.1

ISBN 978-7-5046-7828-7

I. ①苹… II. ①李… III. ①苹果—果树园艺
IV. ① S661.1

中国版本图书馆 CIP 数据核字（2017）第 288488 号

策划编辑	刘　聪　王绍昱	
责任编辑	刘　聪　王绍昱	
装帧设计	中文天地	
责任校对	焦　宁	
责任印制	徐　飞	

出　　版	中国科学技术出版社
发　　行	中国科学技术出版社发行部
地　　址	北京市海淀区中关村南大街16号
邮　　编	100081
发行电话	010-62173865
传　　真	010-62173081
网　　址	http://www.cspbooks.com.cn

开　　本	889mm×1194mm　　1/32
字　　数	110千字
印　　张	4.875
版　　次	2018年1月第1版
印　　次	2018年1月第1次印刷
印　　刷	北京威远印刷有限公司
书　　号	ISBN 978-7-5046-7828-7 / S·711
定　　价	25.00元

本书编委会

主 编

李林光

编著者

何 平 常源升 王海波

Contents 目 录

第一章
概　述

一、苹果栽培优势

苹果是蔷薇科苹果属植物的果实。其分布广泛，品种繁多，经济价值高，是当今世界上最重要的果树之一。苹果主要分布在冬季最冷月平均温度为 $-10\sim10$℃的地区。其中，北纬 $36°\sim45°$ 之间的地带是苹果的集中栽培区。

第一，栽培面积广。苹果适应性强，一般年均温 $8.0\sim14.0$℃，无霜期 170 天以上，年降水量 500 毫米以上，土层深度在 0.6 米以上，地下水位在 1 米以下的平原地、山岭薄地、滩涂地和轻度盐碱地（土壤 pH 值在 $6.5\sim8$）都可进行栽培。但在较好自然条件下，如肥水充足、土层深厚的地区生长结果良好、产量较高。良好的适应性使得苹果成为世界上栽培面积最广的温带果树树种之一，在我国北方各省区，以及西南各省、市、自治区的高海拔地区均有栽培。

第二，营养物质含量丰富。苹果含有丰富的营养物质，除含有 80% 的水分以外，果实中还含有糖（果实中总糖含量 $10\%\sim17\%$）和有机酸（苹果酸 $0.38\%\sim0.63\%$）。此外，还含有类黄酮等抗氧化成分，维生素 A 族、B 族、维生素 C、维生素 E、胡萝卜素等多种维生素，以及钾、钙、磷、镁、铁、锌等矿物质。苹果果实中蛋白质和氨基酸含量较少（ $0.3\%\sim0.4\%$），但游离态的氨基酸可与果实中的糖、酸、芳香物质等一起形成不同品种苹果的独特风味。

第三，产量高，利用年限长。苹果是产量较高的果树树种之一，且在生命周期中生产时间较长。在我国苹果生产优势产区，如山东省苹果单产已达到 30 吨 / 公顷。苹果生产周期，一般乔化树可维持 20～30 年，矮化树可维持 15～25 年。在良好管理条件下，40 年大树依然可以维持盛果期，每年单株产量也可达200～300 千克。

第四，品种繁多，可制成各种加工品。苹果除可供鲜食外，还可制成各种加工品，如苹果汁、苹果果酒、果醋、果酱、罐头、苹果干、苹果脯等。苹果品种繁多，一般从 6 月下旬到 10 月底陆续有果实成熟。晚熟品种如红富士等很耐贮藏，一般在普通冷藏（贮藏窖、常规冷库）可存至翌年 4～5 月份而品质不变，气调贮藏可实现周年供应。因此，可保证苹果周年有鲜果供应市场。

二、苹果栽培历史和生产现状

（一）栽培历史

苹果原产于欧洲中部、东南部，及中亚细亚和我国新疆。苹果栽培大约有 5000 年的历史，相传夏禹所吃的"紫奈"，就是红苹果。苹果在我国也已经有 2000 多年的栽培历史，原产于我国的绵苹果在秦汉时代就有栽培，那时甘肃河西走廊已成为绵苹果的中心产地。在苹果的繁殖、栽培和加工等方面，劳动人民在长期的生产中积累了丰富的经验。

我国栽培的苹果除绵苹果、沙果、花红等种类外，绝大部分是 19 世纪后期由外国传教士引入的西洋苹果品种，如国光、金冠、旭、青香蕉、红香蕉等，随后我国果树工作者又陆续引进培育了一批优良品种,如富士系、嘎拉系等。

(二)生产现状

苹果在我国果业生产中一直占据优势地位。1996 年栽培面积曾经占全国果树栽培总面积的 1/3 以上,后在市场调节及政府引导下,果树种植结构发生了较大调整,其他果树如柑橘、桃、葡萄、香蕉等水果栽培面积大幅度上升,苹果栽培面积逐年递减,2012 年苹果栽培面积占水果栽培面积的 18.4%,苹果产量占全国果品总产量的 25%。随着我国经济的不断发展,人民生活水平不断提高,我国苹果及其制品的消费总体呈上升趋势,近年来苹果年总消费量超过 3 000 万吨。目前,我国已成为世界苹果第一生产大国,苹果栽培面积和产量分别为 4 000 万亩和 4 000 万吨,占世界面积和产量的 50% 以上。

我国的苹果栽培品种,20 世纪 80 年代以前,主要以国光、元帅、金冠、秦冠等为主,约占苹果栽培面积的 70% 以上,新红星、红富士约占 25%。20 世纪 90 年代,苹果进入大发展时期,富士系发展最为迅速,目前富士系品种产量占全国苹果总产量的 70% 以上。从国外引进的一些新品种如藤牧 1 号、美国 8 号、乔纳金、嘎拉系等,以及国内选育的寒富、华硕、鲁丽等也都有一定发展。

目前,我国苹果主产省份分别是陕西、山东、河南、山西、河北、辽宁和甘肃。根据地理区位分布特点,我国苹果生产现已形成四个主要产区,其中西北黄土高原和环渤海湾生产规模明显,是两个最大产区,另外黄河故道地区和西南冷凉高地以其特有的光热自然条件,也是我国苹果生产的优势产区。

1. 西北黄土高原产区 包括陕西、甘肃、山西等省,近年来栽培面积增长迅速,面积和产量分别占全国的 48% 和 41%。

2. 环渤海湾产区 包括山东、河北、辽宁等省,是苹果的老产区,苹果栽培面积占全国苹果总面积的 30%,产量占全国总

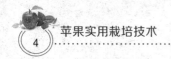

产量的 38%。

3. 黄河故道产区　包括豫东、鲁西南、苏北和皖北，也是我国苹果生产的优势产区之一，栽培面积和产量分别占 13% 和 16%。

4. 西南冷凉高地产区　包括四川阿坝、甘孜两个藏族自治州的川西地区，云南东北部的昭通、宣威地区，贵州西北部的威宁、毕节地区，西藏昌都以南和雅鲁藏布江中下游地带。

三、苹果生产中存在的问题及发展趋势

（一）存在的问题

1. 现有栽培技术体系与产业发展不相适应

第一，栽培模式不当、果园郁闭、树体营养失衡造成目前苹果园管理低效、单产较低、果实品质较差。

第二，苹果苗木市场不规范，苗木质量参差不齐，导致建园质量不高，进入结果期晚，生产效益不显著、不持续。

第三，栽培管理标准化程度低，产品质量难以控制，商品化率低。

第四，果园基础设施薄弱，抵御自然灾害的能力差。

第五，水肥利用率低，主要病虫害防治成效不高等制约着苹果产量和质量的提升。

2. 老果园更新的相关技术问题亟须解决　老果园更新过程中，土壤修复、有效克服苹果园的重茬障碍、苹果适宜树种的更替等技术问题亟须解决。

3. 产后处理能力不足　采收、贮藏、加工及运输环节落后严重影响苹果质量。优势区苹果深加工企业以生产浓缩汁为主，其他深加工产品的产量很低。

4. 组织化经营程度不高　苹果相关产业组织的市场化程度

低，果农与市场的有效联结机制还不完善，龙头企业和果业专业合作社带动农户致富的能力比较弱。

（二）增加栽培效益的途径

1. 进行规模化生产　适度规模生产易于实现资源的合理配置和标准化管理，获得最佳的经济效益。

2. 调整品种结构　根据市场需要，适当调整早、中、晚熟果品的比例，城市近郊发展早熟品种，偏远地区发展中、晚熟品种，对老残果园淘汰更新，对老品种高接换头（嫁接技术），实现品种改良。

3. 提高果品质量，创出品牌　通过繁育优良品种、科学疏花疏果、改良土壤质地、配方施肥、果实套袋、及时防治病虫害、采后对果品进行商品化处理等措施，提高果品质量，创出名优品牌。

4. 发展果品贮藏加工　通过建立采后商品化处理，在销售地建立果品贮藏库和批发、零售流通链，推广贮藏保鲜技术，兴办果品加工厂等贮藏加工业，拉长苹果产业链，增加苹果附加值，提高苹果综合产值。

（三）发展趋势

1. 选用优良品种，实行"矮、密、早"栽培方式　选用优良品种，实行矮（矮化）、密（密植）、早（早结果、早丰产）的栽培方式，是现代化苹果生产的趋势，也是提高果品基地经济效益和社会效益的重要环节。

2. 调整产品结构，提高果品质量　优化苹果熟期结构和产品结构。发展早、中熟苹果，大力推广优良品种和优质高效丰产栽培技术及产后商品化处理技术，建立健全苹果质量全程控制体系，全面提高苹果品质、安全水平和商品档次，力争优质果率80%以上，转变发展方式，走集约型发展道路，节本增效，提高

苹果单产及附加值。

3. 创建标准果园，采用标准化生产技术 创建标准园，推进生产过程中的标准化技术。落实果品标准和生产技术规程，从品种选择、育苗、建园、花果管理、整形修剪、土肥水管理、病虫害防治等各方面科学、规范管理，提高苹果单产和品质，提高苹果经济效益和市场竞争力。

4. 发展苹果专业合作组织，进行产业化经营 发展水果专业合作组织，提高水果生产的组织化程度。积极争取政府和有关部门的支持，加大对水果专业合作组织的扶持力度，促进其健康发展。

第二章

优良品种

一、主要优良品种

苹果属蔷薇科苹果属植物，全世界有 36 个种，其中原产我国的有 23 个种，多数用作砧木和观赏。现代苹果栽培品种多、适应性强、分布地区广，成熟期自 6 月中下旬至 11 月份，部分晚熟品种通过现有条件适当贮藏能实现苹果果品的周年供应。不同品种对于气候、土壤和栽培技术的要求不同，应按照适地适树的原则去选择品种，并做好早、中、晚熟品种的合理搭配。

（一）早熟品种

1. 藤牧一号 藤牧一号又名南部魁，1986 年从日本引入我国。果实圆形，稍扁，萼洼处微凸起；果实中等大小，平均单果重 190 克，最大果重 320 克；成熟时果皮底色黄绿，果面有鲜红色条纹和彩霞，着色面可达 70%～90%，果面光洁、艳丽；果肉黄白色，松脆多汁，风味酸甜，有香气，品质上。果实发育期90 天左右，在鲁中地区 7 月上中旬成熟，采后室内可存放 15 天左右。

树势强健，树姿直立，萌芽力强，成枝力中等，极易形成腋花芽，以短果枝结果为主，丰产、稳产。但果实成熟期不一致，有采前落果现象。该品种适应性广，在山东、河北、河南等省有一定发展，对蚜虫抗性强，较抗落叶病。

2. 美国八号 美国八号又名华夏，中熟品种，由美国品种杂交选育而成，1990 年引入我国。果实圆形或短圆锥形；果个中大，平均单果重 240 克；果柄中短、粗，果面光洁、细腻、无锈，果点稀、稍大；果皮底色乳黄，充分成熟时着艳丽红霞，着色面积达 90% 以上，有蜡质光泽；果肉黄白色，肉质细脆多汁，风味酸甜适口，芳香味浓，品质上等。果实发育期 120 天左右，在鲁中地区 8 月上中旬成熟，采前不落果，采后室内可存放 25～30 天。

幼树生长较旺盛，盛果期树势中等，对修剪不敏感，易成花、丰产。抗轮纹病、炭疽叶枯病，抗寒性、耐瘠薄能力强，适应性广，在我国各产地均有发展。

3. 鲁丽 鲁丽由山东省果树研究所育成，亲本为藤牧一号×嘎拉。果实圆锥形，高桩，果实大小整齐一致。果面盖色鲜红，底色黄绿，着色类型片红，着色程度在 85% 以上；果面光滑，有蜡质，无果粉，果点小、中疏、平；果梗中粗，梗洼深广、无锈。果心小，果肉淡黄色，肉质细、硬脆，汁液多，甜酸适度，香气浓；可溶性固形物含量 13%，可溶性糖 12.1%，可滴定酸 0.3%。果实发育期 100 天左右，在鲁中南地区 7 月底 8 月初成熟。

该品种树势中庸，树体生长发育特性与嘎拉相似；幼树腋花芽结果较多，盛果期以短果枝结果为主；适应性强，耐瘠薄土壤，抗炭疽落叶病、轮纹病等病害，早果、丰产性强。

4. 嘎拉 嘎拉原产新西兰，亲本为 Kidd's Orange Red ×金冠，1979 年引入我国。果实近圆形或圆锥形；果个中大，较整齐，平均单果重 180 克；成熟时，果皮底色黄，有深红色条纹，果皮薄，有光泽，洁净美观；果肉乳黄色，肉质松脆、汁中多，酸甜味淡，有香气，品质极上。

该品种树势中庸，幼树腋花芽结果较多，盛果期以短果枝结果为主；果实发育期 125 天左右，在鲁中地区 8 月上中旬成熟，采后室内可存放 25～30 天；抗旱期落叶病、白粉病和轮纹病，对金纹细蛾抗性也较强。

已鉴定并应用的嘎拉芽变品种较多，选出的芽变品种除皇家嘎拉外，还有帝国嘎拉、丽嘎拉、嘎拉斯和烟嘎系列等。我国现在栽培的嘎拉系品种多数是皇家嘎拉和烟嘎。

5. 皇家嘎拉　皇家嘎拉又称新嘎拉，是嘎拉浓红型芽变，1980 年引入我国。果实中等大小，平均单果重 130 克，最大单果重 165 克；果实短圆锥形或短卵圆形，顶端五棱较明显；果皮厚度中等，有光泽，果面底色黄色并着浅红色晕和深红色条纹，可全面着色；果柄细，梗洼处有少量果锈，果实外观整齐美观；果肉淡黄色，肉质细密、脆，汁较多，风味酸甜，味浓。果实发育期 125 天左右，树体生长发育特性、抗逆性、适应性等与普通嘎拉相同。

6. 泰山嘎拉　泰山嘎拉属皇家嘎拉大果型红色芽变品种，山东省果树研究所选育。该品种果个大，平均单果重 213 克，大小整齐；果面盖色鲜红，底色黄绿，全面着片红，果面光滑；果心小，果肉淡黄色，肉质细、硬脆，汁液多，甜酸适度，有香气；可溶性固形物含量 15%，可溶性糖 13.8%，可滴定酸 0.39%，品质上。果实发育期 125 天左右，在鲁中地区成熟期在 8 月上旬。

泰山嘎拉早果性和丰产性好，抗性强。与皇家嘎拉相似，树姿开张，树型分枝形，树势强，萌芽率高，成枝力中等。长、中、短枝均能结果，有连续结果能力，盛果期树以短枝结果为主，易成花。生理落果和采前落果轻。

7. 秦阳　秦阳是西北农林科技大学从皇家嘎拉自然杂交实生苗中选出的苹果早熟新品种。果实近圆形，果形指数 0.86，最大单果重 198 克；果皮着鲜红色条纹，果面光洁无锈，肉质细脆，汁液中多，风味酸甜，有香气；可溶性固形物含量 12.18%，可滴定酸含量 0.38%，综合品质优良；结果早，丰产；在陕西渭北南部地区，果实 7 月中下旬成熟，果实发育期 100 天左右。

秦阳树姿较开张，树冠圆锥形，树势中庸偏旺；秦阳苹果适应性广，在陕西渭北及同类生态区栽培，具有果实成熟期早、易结果、果皮色泽艳丽、品质优等特点。

8. 华硕 华硕是中国农业科学院郑州果树研究所采用美国八号为母本，华冠为父本杂交选育的早熟苹果新品种。果实近圆形，果实较大，平均单果质量232克；果实底色绿黄，果面着鲜红色，着色面积达70%，个别果面可达全红；果面蜡质多，有光泽，无锈；果粉少，果点中、稀，灰白色；果肉绿白色，肉质中细、松脆，汁液多；可溶性固形物含量13.1%，可滴定酸含量0.34%，酸甜适口，风味浓郁，有芳香，品质上等。果实在室温下可贮藏20天以上，冷藏条件下可贮藏2个月。在鲁中地区果实8月初成熟，果实发育期110天左右。

华硕枝条萌芽率中等，成枝力较低。幼树以中果枝和腋花芽结果为主，随树龄增大逐渐以短果枝和中果枝结果为主。坐果率高，生理落果轻，具有较好的早果性和丰产性。

（二）中熟品种

1. 首红 美国品种，为元帅系第四代短枝型芽变。果实圆锥形，平均单果重180克，果顶五棱明显；底色黄绿或绿黄，全面深红并有隐显条纹，色泽艳丽，果梗中长，较粗果面有光泽，果点小、不明显，蜡质多；果皮厚、韧，初采收果实绿白色，稍储后变黄白色；肉质细脆，汁多，风味酸甜，有香气，品质上等。果实发育期150天左右，在鲁中地区9月上旬成熟，室温条件下可贮藏1个月。

在肥水充足、土壤深厚的条件下生长结果良好，在干旱瘠薄的土壤中表现较差。树势健壮，树体紧凑。幼树生长旺盛，萌芽力强，成枝力弱，进入结果期长，以短果枝结果为主，短果枝占总结果枝的83.3%。苗木栽后3年可结果，较丰产。

其他元帅系品种包括第三代短枝型芽变品种新红星、好矮生、矮红、艳红、顶红，第四代短枝型芽变品种俄勒冈、康拜尔首红、魁红、摩西育红，第五代瓦里短枝等，这些品种一代比一代的着色期提早，颜色更深，短枝性状更明显。目前已发展到第六代，其变异性状稳定、优良，创建了世界著名的"蛇果"品牌。我国甘肃选育出天汪1号等短枝、高桩、浓红品种，并创建了"花牛"品牌。

2. 金矮生　金冠的短枝研2芽变品种。果实中大，平均单果重200克，圆锥形；果皮金黄色，果皮较光滑，蜡质；果粉较少，有果锈，果点小而稀；果皮较薄，果柄较短，梗洼中深而广；果肉黄色，质地致密酥脆，汁多，酸甜适口，芳香味浓，风味同普通金冠，品质上等，是金冠系理想的品种。

该品种为短枝型品种，树势强健，冠小直立，萌芽率高，具有短枝型优良的栽培性状。芽接苗3～4年结果，短果枝结果占总果量的85%，个别有腋花芽也结果，易于丰产，大小年结果现象不明显。果实发育期155天左右，比普通金冠长7～10天。较耐贮。抗逆性，耐瘠薄能力强。

3. 乔纳金　美国品种，亲本为金冠×红玉，三倍体品种，1979年引入我国。果实圆形至圆锥形，果个大，平均单果重300克左右；果梗中长、中粗，成熟时底色绿黄至淡黄色，被有橘黄色或红紫色短条纹；果皮较厚，蜡质较多，果点小而少，不明显；果皮较薄、韧；果肉乳黄色，肉质稍粗、较松软，汁中多，味美、甜酸，品质上。

植株生长旺盛，结果早、丰产，但苦痘病较重，生长季节应补钙。肥水条件好的地区栽植时，栽培中应注意控制树势，并注意对炭疽病、轮纹病、白粉病的防治。果实发育期155天左右，但成熟期不一致，需分期采收，耐贮性一般，易碰伤。

4. 红王将　中晚熟品种，又名红将军，是日本从早生富士中选育出来的着色系芽变品种。果实近圆形，平均单果重250～300克；果形端正，偏斜果少；果面底色黄绿，全面着鲜红或被鲜红色彩霞，果点小，果面洁净无锈、美观艳丽；果肉黄白色，肉质细脆，汁液多，酸甜适度，稍有香气，贮藏后香味浓，品质上等。果实发育期 150 天左右，成熟期比红富士早 1 个月。

该品种适应性广，抗落叶病，易感轮纹病。树冠中长、中、短枝的比例，因树龄和树形而异，随着树龄增加，中、长枝所占比例减少，短枝量增加；4～5 年生时，短枝和叶丛枝可达 60%～70%，长枝降到 20% 左右。高接枝龄 3～4 年生时，短枝和叶丛枝即达 70%。富士幼树或健壮枝条有明显的腋花芽结果习性。初结果期的树，长果枝和腋花芽占有一定的比例，但很快会转向以短果枝结果为主，盛果期短果枝结果约占 70%。基本特性与富士相同。

5. 锦绣红　该品种为华冠早熟浓红色芽变，由中国农业科学院郑州果树研究所选育。基本与新红星同期成熟，采前不落果，可在树上挂果至国庆后。果实耐贮藏，是双节期间成熟上市的优良品种。果实近圆锥形，平均果重 205 克，最大果重达 400 克。底色绿黄，果面全面着鲜红色，充分成熟后果实呈浓红色；果肉黄白色，贮藏一段时间后变为淡黄色，肉质细、致密、脆而多汁，风味酸甜适宜；可溶性固形物含量 14.2%，总糖含量 11.96%，总酸含量 0.21%；品质上等。果实发育期 160 天左右，鲁中地区 9 月中旬成熟。

该品种树势强健，萌芽率高，成枝力中等，中、短果枝结果为主，丰产性好；抗性和适应性强。

6. 岳艳　辽宁省果树科学研究所与盖州果农联合，由寒富×珊夏杂交选育的中熟苹果新品种。果实长圆锥形，单果质量 240 克，果形指数 0.89，果型端正。不套袋果实的果面为鲜红色，较艳丽；底色绿黄，蜡质少，有少量果粉，果面光滑无棱起，有少量梗锈；果肉黄白色，肉质细脆，汁液多，风味酸甜，微香，无异味；可溶性固形物含量 13.4%，总糖含量 11.53%，总酸含量 0.42%。果实发育期 125 天左右，较耐贮藏，室温（20℃）可贮藏 20 天以上。

该品种树势强健，萌芽率高，成枝力强，树姿开张，苗期易出现侧分枝；幼树以腋花芽和短果枝结果为主，早果、丰产性好；抗寒性较强，顶芽抗寒性强于寒富品种，较抗枝干轮纹病。

（三）晚熟品种

1. 寒富 寒富是沈阳农业大学以东光为母本，富士为父本进行杂交、选育出的抗寒、丰产、果实品质优、短枝性状明显的优良苹果品种。果实短圆锥形，果形端正，全面着鲜艳红色，特别是摘掉果袋经摘叶转果后，果色更美观。单果平均重 250 克以上，果肉淡黄色，肉质酥脆，汁多味浓，有香气，品质上等，耐贮性强。果实发育期 150 天左右，在沈阳地区，4 月下旬萌芽，5 月 10 日左右开花，8 月下旬果实开始着色，9 月下旬果实成熟。

该品种树势较强，树姿较直立，树皮光滑，成熟枝条深红色，萌芽率和成枝率较强，节间短，叶片大而厚，秋季不易落叶，为短枝型苹果品种；以短果枝结果为主，果苔副梢连续结果能力强，易形成腋花芽，结果能力极强；比富士早熟 20 多天。

2. 富士 晚熟品种，由日本园艺场东北支场用国光×元帅杂交育成，1966 年引入我国。果形扁圆形或短圆形，顶端微显果棱，果个大、中型，平均每果重 170～220 克，许多大于 250 克的果实成熟时底色近淡黄色，片状或条纹状着鲜红色；果肉淡黄色，细脆汁多，风味浓甜或略带酸味，具有芳香，品质极上等。

该品种树势中等，结果较早、丰产，管理不当时易隔年结果，即大小年现象；富士对轮纹病和水心病抗性较差。果实发育期 180 天左右，在山东烟台 10 月下旬至 11 月初成熟，极耐贮运。

当前生产中应用的富士苹果多为通过芽变选种选育的着色系和短枝型品种，这些品种以其优良的果实品质、贮藏性能，深受种植户欢迎。

（1）**红富士** 富士着色芽变的统称。目前选出的着色较好的品系有80多个，如着色富士Ⅱ系的秋富1号、长富2号、长富6号、长富9号、长富10号、岩富10号等，着色富士Ⅰ、Ⅱ混合系的长富11号、2001富士、乐乐富士、天星、哥伦比亚2号等，以及烟富3号、烟富6号。近几年，又进一步从烟富3号中选育出着色性能更好的烟富8号、烟富10号及元富红等品种。

（2）**短枝富士** 富士短枝型芽变的统称。现已选出10多个短枝型品种，其中有代表性的是宫崎短枝红富士、福岛短枝红富士、惠民短枝富士、烟富6号、龙福等。短枝型芽变品种的品质普遍较普通型差，但烟富6号果实表现为高桩，风味品质优于原品系，是短枝富士中的佼佼者。

国内育种单位从长富2号中选育出的龙富、烟富7号、沂源红、沂水红、神富6号等短枝、红色双芽变优质短枝型苹果新品种，综合品质优良，发展前景广阔。

3. **沂水红** 沂水红是富士苹果长富2号的芽变品种，由山东省果树研究所选育。果实圆形，果形指数0.82；平均单果重249.1克，果个大小整齐一致；果实底色黄白色，着浓红色，色相片红，全面着色；果面光滑，无蜡质，无果粉；果点小、疏、平；果梗中粗，红色，梗洼深广，无锈，萼洼中浅、中广；果心小，果肉黄白色，肉质细、硬脆，汁液多，甜酸适度，香气浓，品质上等；可溶性固形物含量16%，可溶性糖含量13.5%，可滴定酸含量0.61%，耐贮性、抗逆性与长富2号相同。果实发育期180天左右。

该品种树势中等，长、中、短果枝均能结果，果苔分枝能力中等，多中短果苔枝；丰产，无大小年现象。盛果期树以短枝结果为主，易成花，不必采用环剥、环切等促花措施。生理落果很少，无采前落果现象。树高、干周、冠径等指标较长富2号小，枝类组成与长富2号无明显差异，花朵自然坐果率39.53%，显著高于对照品种长富2号。

4. 望山红　望山红为辽宁省果树科学研究所从长富 2 号中选出的芽变优系品种。果实近圆形，平均单果重 260 克，果形指数 0.87。果面底色黄绿，着鲜红色条纹，光滑无锈，果粉与蜡质中等，果点中大；果梗中粗、中长，梗洼中深、中广，萼洼中广、中深、有波状突起，萼片中大、闭合；果肉淡黄色，肉质中粗、松脆，风味酸甜、爽口，果汁多，微香，品质上等；可溶性固形物含量 15.3%，总糖含量 12.1%，可滴定酸含量 0.38%。果实发育期为 155 天，辽南地区果实 10 月上中旬成熟。

幼树生长势强，顶端优势明显，侧枝角度小，树体健壮。树姿较开张，树冠半圆形，适于在长富 2 号适宜地区扩大栽植。

5. 昌苹八号　是河北省农林科学院昌黎果树研究所以富士为母本、红津轻为父本杂交育成。果实圆锥形，大小整齐，平均单果质量 278 克，果形指数 0.88，浓红色有暗红条纹，着色好；果肉淡黄色，质细、松脆、多汁，有香气，甘甜适口；可溶性固形物含量 15.6%～16.6%，可滴定酸 0.27%～0.30%，品质极上等。果实发育期 166 天左右，在河北昌黎地区 9 月下旬成熟，熟前不落果，成熟期一致。本品种抗轮纹病，抗早期落叶病，耐瘠薄。

该品种树姿开张，树势中庸，萌芽率高，成枝力强。幼树长、中、短果枝都可结果，成龄树以短果枝结果为主。

6. 粉红佳人　澳大利亚品种，亲本为 Lady Williams × 金冠。果实长圆形，果个中，平均单果重 200～220 克；果面底色黄色，几乎全面着以鲜红色，果面洁净，无果锈，果粉少，蜡质多，外观极美，但初结果树果实表面稍有凹凸不平现象；刚采收时果肉乳白色，肉质较粗，紧而硬，脆度差，汁中多，酸味较浓，无香味；采收后经 1～2 个月贮藏，果肉变成淡黄色，酸甜适口，香味浓，风味佳，品质中上等。

该品种树势强健，树姿较直立；以短果枝结果为主，有腋花芽结果习性，早果、丰产、稳产；抗病性强。成熟期较富士晚

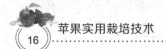

1～2周。果实发育期210天左右，在鲁中地区11月上旬成熟。果实极耐贮藏，在室温下可贮藏至翌年5月。

7. 岳冠　岳冠是辽宁省果树科学研究所以寒富为母本、岳帅为父本杂交育成。该品种果实近圆形，果形端正，果形指数0.86，平均单果质量225克，果个较整齐；果面底色黄绿，全面着鲜红色，色泽艳丽，易着色；果面光滑无棱起，果点小，梗洼深，无锈，蜡质少，无果粉；果肉黄白色，肉质松脆，中粗，汁液多，风味酸甜适度，微香，无异味；可溶性固形物含量15.4%，总糖含量12.6%，可滴定酸含量0.39%，品质上等。果实发育期165天左右，耐贮藏，恒温贮藏可到翌年4月初。

该品种树姿直立、开张。生长势强，枝条较软，自然生长情况下略下垂，易于整形，结果后易以果压枝。

8. 澳洲青苹　该品种为澳大利亚品种，自然实生。果实圆锥形或短圆锥形，果个大，平均单果重230克，果实大小整齐；果面全面翠绿色，有少量红晕，果面光滑，有光泽，无锈，蜡质较多，果粉少，果点多，果皮厚；果肉绿白色，肉质中粗，紧密，脆，汁液较多；初采时风味酸，无香气，但贮藏后期风味变佳。果实发育期185天左右。

该品种树势强健，树姿直立，以短果枝结果为主，有腋花芽结果习性。

二、品种选择

（一）选择依据

品种的选择应依据果树区域化的原则，适地适栽，选择《鲜苹果》（GB/T 10651–2008）所列品种及近年来国内外选育推广的最新品种，达到良种化、商品化，以获得较高经济效益为主要任务。

1. 树种、品种的生物学特性 必须与栽培环境条件一致或接近，避免造成决策失误。优良的品种具有生长健壮、抗逆性强、丰产、优质等综合性状。选用的品种必须适应当地气候和土壤条件，必须是在当地表现出优良性状的品种。

2. 果园经营的方针和任务 城郊附近人口密集区，应种植以发展鲜食为主的树种和品种，如嘎拉、元帅系列、金冠系列等。要求树种和品种多样化，早、中、晚熟品种相结合，提早或延迟供应期；距城市远的地方应选择耐贮运的树种和品种，如富士系列；交通不便利的地方，可发展耐贮运的品种或加工品种。所选品种还必须在市场销售中具有竞争力，并能在较长时间内占领一定的市场。

3. 其他原则 有加工厂的地区，应满足加工的需要，发展加工品种。发展外销果品要考虑国际市场的需求，选择外形美观、风味好的优良品种，如嘎拉、鲁丽等。

（二）选择时注意事项

1. 不要盲目选用新品种，不可片面求新 要考虑本地区的气候条件和管理水平，不要轻信广告宣传，盲目选择品种会导致果品质量差、售价低，易发生抽条或冻害等问题。也不要片面求新，以为只要是新品种，就会有好效益。新品种大多没有经过大面积的栽培试验，适应性、抗逆性、丰产稳产性和消费者喜好程度不明确，贸然引进新品种并大面积栽培，可能会带来损失。大面积引种前要先进行小面积试种。

2. 品种比例的确定 应均衡考虑果品的成熟时期，避免因晚熟品种耐贮运、品质好而过多地发展，造成供过于求、售价降低；也不要只考虑主栽品种而忽视授粉树的配置，否则很难达到高产、优质的目的。

第三章

育苗技术

苗木是果园建立的基础，苗木质量的好坏直接影响苹果的生长情况、结果的早晚及前期产量的高低。掌握科学的育苗技术，才能培育出优良的苗木。

一、苗圃地的选择、规划

（一）苗圃地应具备的条件

1. 位置、地势 苗圃地应选在交通方便、地形开阔、地势平坦、背风向阳、灌排水便利，海拔在 1 500 米以下的地方。地下水位在 1 米以下，无危险性病虫害或病虫害较少，远离污染的工矿企业。

2. 土壤 苗圃地的土壤，以土层深厚、土质肥沃的沙壤土、轻黏壤土为宜。在这样的苗圃地上生长的苗木健壮、根系发达。土壤酸碱度以中性至微酸性，即 pH 值 5～7.8 为宜。pH 值 7.8以上的土壤，苗木易发生缺铁失绿现象，严重时会枯衰死亡。氯化钠含量 0.2% 以下、碳酸钙含量 0.2% 的土壤，砧木可以正常生长，碳酸钙含量高于 0.2% 时，苗木生长不良。

3. 水源 苗圃地需有充足且便利的洁净水源，要求能灌能排。

（二）苗圃地的规划

苗圃地主要包括母本园、繁殖区和轮作区等。

1. 母本园　分为砧木母本园和品种母本园，主要作用是提供繁殖材料。

（1）**砧木母本园**　可提供砧木种子、扦插用插穗和压条用枝条，以及组培用茎尖材料等。目前，我国各地实生砧木种子，大多是从野生树上采集或来自市场和果品加工厂。为保证砧木种子的纯度和质量，应逐步建立砧木母本园。

（2）**品种母本园**　可提供优良品种和新引进试验中的优良品种接穗。目前，我国各地苗圃繁殖材料大多来自生产园，为确保品种纯正，保持品种的优良性状，宜逐步建立用于苗木繁育的品种园。

2. 繁殖区　繁殖区是苗圃的核心部分。根据不同的繁殖方法，又可分成以下4个区。

（1）**实生苗繁殖区**　播种苹果砧木种子，培育苹果乔化砧木（实生砧木）。

（2）**自根苗繁殖区**　采用扦插、压条、分株等方法，培育苹果矮化砧木。

（3）**嫁接苗繁育区**　采用嫁接技术，培育苹果品种苗木。包括乔砧苗、矮化自根砧苗和矮化中间砧苗等。

（4）**组培苗培育区**　主要用作培育品种组培苗和矮砧组培苗。

3. 轮作区　苹果苗圃地不能连年重茬育苗，必须设立轮作区，实行轮作，否则不利于苗木生长。轮作区内可种植各种经济作物、牧草，或浆果类、核果类果树苗木。轮作间隔年限为2～3年。

如果土地有限，重茬繁殖区面积不大时，可不设轮作区。据试验，对重茬地30厘米深的土层，以200微克/升福尔马林溶液进行土壤消毒，再接种菌根真菌，可以减轻重茬对苹果苗木生长的影响。

二、常用砧木及选择

砧木是果树生产的基础，直接影响接穗的生长和结果。正确选择砧木，可明显增强苹果树的抗逆性，实现早产、丰产、稳产、优质的栽培目标。砧木分为乔化砧和矮化砧。乔化砧多采用实生繁殖，矮化砧通常采取无性繁殖。

（一）乔化砧

我国苹果栽培绝大多数是利用乔化砧。我国苹果属植物资源丰富，原产于我国的苹果属植物有 23 个种，目前比较常用的优良砧木有山定子、楸子、西府海棠、湖北海棠、河南海棠、三叶海棠、陇东海棠以及花红、丽江山定子等。

1. 山定子 山定子别名山荆子、林荆子等。该品种果实小，红或紫红色，有涩味，种子小，每 500 克种子数为 8 万～10 万粒；在 15℃的低温下沙藏 30～50 天即可完成后熟，播种后出苗率一般 80% 以上。

山定子适应性较广，抗寒性很强，能抗 –50℃以下的低温；耐瘠薄，不耐盐，在碱性土壤中容易发生黄叶病。山定子幼苗初期生长缓慢，分枝力弱，根系生长良好，须根多。当年可疏苗移植，加强管理，侧根及主根都能很快恢复生长，60%～80% 的幼苗在当年秋季可进行芽接。山定子芽接时容易剥皮，芽接的适期较长，与栽培品种嫁接亲和力强，成活率高。嫁接苗长势旺，结果早，早期产量高。

山定子适用于东北、西北、北京、天津、河北、山东和四川等地，是在我国东北和河北常用的苹果砧木。

2. 海棠果 海棠果又叫楸子，广泛分布在我国北方各省，山东、河北、山西、陕西、甘肃、青海、河南等省多用作苹果的砧木。

海棠果种子较大，每500克种子为1.5万～2.5万粒，通过种子后熟的层积时间较长，一般为60～80天。播种后当年种苗生长健壮，分枝多，根系分布较深。良好管理的条件下，播种当年可有90%以上达到芽接的粗度。

海棠果抗旱、耐涝、耐盐碱，比较抗寒，对苹果绵蚜和根头癌肿病的抵抗力也较强。海棠果与苹果的嫁接亲和力强，接后反应良好，植株上下部分生长一致。用海棠果嫁接的苹果具有抗性强、适应性强、丰产等优点。

3. 西府海棠 西府海棠在我国山东、河北、陕西等省分布广。河北省怀来县的八棱海棠为此种的代表品种，是栽培中常见的果树及观赏树。树姿直立，花朵密集。果味酸甜，可供鲜食及加工用。栽培品种很多，果实形状、大小、颜色和成熟期均有差别，所以有热花红、冷花红、铁花红、紫海棠、红海棠、老海红、八楞海棠等名称。华北有些地区用作苹果或花红的砧木，生长良好，比山定子抗旱力强。

实生苗虽生长较慢，但常产生变异，所以为了获得大量砧木或杂交育种时，仍采用播种法。海棠种子在播种前，必须经过30～100天低温层积处理。充分层积的种子出苗快、整齐，而且出苗率高；不层积的种子不能发芽或极少发芽。也可在秋季采果、去肉、稍晾后，将种子播在沙床上，让种子自然后熟。覆土深度厚约1厘米，上覆塑料膜保墒，出苗后掀去塑料膜，及时撒施一层疏松肥土，苗期加强肥水管理，当年晚秋便可移栽。

西府海棠具有抗旱、抗寒、抗病等优点。播种后幼苗生长健壮，在良好的栽培管理条件下，当年即可达到芽接的粗度。嫁接后植株上下生长一致，亲和性良好，树龄长，丰产。用嫁接所得苗木，可以提早开花，而且能保持苗木原有优良特性。

4. 沙果 沙果又名花红，我国北方各省多有分布。果实扁圆形，直径4～5厘米，黄色或红色，生食味似苹果，酸甜可口。变种颇多，可用嫁接、播种、分株等方法繁殖，是中国的

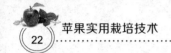

特有植物。

沙果种子大，每500克约有种子1.3万粒，后熟需要60～80天，少于40天则发芽率很低。幼苗生长较矮，但枝条粗壮、根系强健、萌蘖性强、生长旺盛、抗逆性强，播种当年即可达到芽接粗度。喜光，耐寒，耐干旱，也耐湿及盐碱。适应范围广，在土壤排水良好的坡地生长尤佳，对土壤肥力要求不严。

沙果砧木的苹果幼树比山定子砧木的苹果幼树抗涝、耐盐碱，抗旱力也更强。

5. 湖北海棠　湖北海棠主要分布在我国西南地区，以云南、贵州、四川、湖北等省最多，被广泛用作苹果的砧木。湖北海棠种子较小，每500克有种子4万～5万粒，种子后熟需要30～50天。植株喜温耐湿，生长强健，播种当年大部分可以达到芽接粗度。嫁接后，砧木与接穗生长一致，是我国西南地区苹果的良好砧木。湖北海棠与苹果的嫁接亲和力因类型不同而有差异。如平邑甜茶与其亲和力强，泰山海棠则亲和力差，虽嫁接后当年成活，但来年很少发芽。

（二）矮 化 砧

利用矮化砧（营养系砧）进行苹果集约栽培是当今世界苹果生产发展的方向。

1. 利用矮化砧木栽培苹果的优势　①树体小，树高度一般2～3米，适于密植，便于生产管理（修剪、打药、采收）。②结果早，定植后3年即可结果，单位面积产量高。果实着色好，品质优。

2. 利用矮化砧木栽培苹果的缺点　①许多砧木类型根系分布浅，易倒伏，定植后需要支柱。②大多矮化砧无性繁殖生根困难，繁殖系数低。③有些砧木颈腐病严重。④土壤的适应性差，对土壤厚度、肥力和水力条件要求高。⑤树体容易早衰，生命周期短。⑥有些砧木抗寒性较差，在较寒冷地区越冬时存在问题。

⑦集约栽培建园时苗木、支柱投入资金大等。

3. 我国应用的矮化砧　目前，我国广泛应用的矮化砧主要是从英国引入的 M 系和 MM 系，M26、M7、MM106、M4、M9 适合我国苹果生产。

（1）M4　属半矮化砧。根多且粗，分布浅，多在 30～50 厘米土层中，耐湿，较耐瘠薄，抗旱、抗寒力中等，不抗盐碱，在地下水位较高地块栽植易倒伏和患黄叶病。压条繁殖生根较易。嫁接树 3～4 年始果，丰产，果实品质较好。

（2）M7　属半矮化砧。适应性广、较抗旱、抗寒和耐瘠薄，但不耐涝。抗花叶病。压条繁殖生根容易。嫁接树 3～4 年始果，丰产，果实品质得到提高。

（3）MM106　属半矮化砧。根系较发达，固地性强，较抗旱和抗寒，耐瘠薄。抗绵蚜，较抗病毒病，对颈腐病和白粉病敏感。压条繁殖生根容易，繁殖系数高。嫁接短枝型品种，3 年生开花株率达 90%，果实可溶性固形物也有一定提高。植株产量介于 M9 和 M7 嫁接树之间。

（4）M9　属矮化砧。嫁接树树体矮小，结果早，早期丰产。根系分布较浅，固地性差，易倒伏。不抗寒，不抗旱，耐盐碱，较耐湿。压条繁殖生根较困难，繁殖系数低。可用作自根砧或中间砧，但嫁接植株分别有"大脚"或"腰粗"现象。

（5）M26　属矮化砧。较抗寒，抗旱力较差。抗花叶病和白粉病，不抗绵蚜和颈腐病。压条繁殖生根较易，繁殖系数较高。适应范围广，是 5 种矮化砧中应用最多的一种，在陕西、山东、河北和黄河故道地区都有一定面积的应用。作自根砧嫁接树有"大脚"现象，作中间砧有"腰板"现象。嫁接树矮化程度介于 M9 和 M7 嫁接树之间，比 M9 嫁接树丰产、固地性强，比 M7 嫁接树结果早。

4. 矮化砧应用的注意事项　应用矮化砧木时，要充分考虑矮砧的适应性，矮化自根砧苹果一般根系较浅，对肥水要求比较严格。不同矮化砧木的适应区域不同，矮化砧木选择更加重要，务必选择肥水条件较好和无明显环境胁迫的最适区推广。在黄河故道、山西运城南部、陕西渭北南部等地，根据土壤肥力和灌溉条件可以选择 M26 或 M9 作为矮化中间砧；肥水条件好的区域，建议采用 M9 与生长势较强的品种组合，如富士 /M9；也可以采用生长势强旺品种的短枝型或生长势中庸的品种与 M26 的砧穗组合，如富士优良短 /M26、嘎拉 /M26。选择 M9 时一定要设立简单支架，防止树冠偏斜。M26 砧木不发生抽条的地区，如河南灵宝坡地、山西运城中部及陕西渭北中部、山东烟台和青岛等地，建议选用 M26 砧木。

河北、北京、陕西渭北北部、山西运城北部以北、甘肃陇东等地，可选用 SH 系中矮化作用适中的砧木，如 SH6、SH38 等矮化砧木。寒冷地区，可以选择 GM256 矮化砧木。

（三）矮化中间砧

1. 利用矮化中间砧栽培苹果的特点 ①矮化中间砧是在实生基砧上嫁接一段矮化砧的枝段，然后再嫁接栽培品种。②下端基砧一般为实生砧。③利用矮化中间砧栽培苹果可以达到矮化树体、早果、优质、丰产的目的。

2. 利用矮化中间砧建苹果园应注意的问题 ①要选用优质、特级或一级成品苗木。②对建园园址土肥水条件要求高。③要保证有较高的管理技术。④合理负载，防止大小年现象的发生。⑤要加强对病虫害的防治工作。

三、育苗技术

（一）砧木苗的培育

砧木的繁殖方法不同，分为实生砧苗、营养系矮化砧苗和矮化中间砧苗。

1. 实生砧苗的培育　通过种子繁殖的砧苗，叫实生砧苗。

（1）种子的采集和保存　种子的质量关系到实生苗的长势和合格率，是培养优良实生苗的重要环节。

①采种母树的要求　用来培育砧木的种子必须采自品种纯正、砧木类型一致、生长健壮的无严重病虫害的母株，并且必须在种子充分成熟时采收。种子充分成熟的标准：种皮完全变褐，有光泽，种仁洁白、饱满光亮。

②种子的干燥、分级、贮藏　果实采收后先堆放7～8天，使果肉变软，种子充分后熟。果实堆的厚度以30厘米左右为宜。待果肉松软后，把果实搓破，用清水充分淘洗、冲净果肉、黏液、果皮，除去杂质，然后将洗净的种子在阴凉处阴干，精选、分级，装入布袋，放在冷冻、干燥的通风处，妥善保存。通常山定子20～30千克的果实、海棠的130千克的果实可出1千克种子。

③种子采集的注意事项　一是注意选择果大、果形端正、果色正常的果实，这样的种子充实饱满、整齐一致，发芽率高。二是采摘的种子切忌堆沤腐烂，以免果肉发酵产生的高温损伤种胚，应及时翻动种子降温。三是注意防止鼠害。四是陈年种子一般出芽率明显降低，最好不用。

（2）种子的层积处理（沙藏）　用于冬播的成熟的苹果砧木种子，在一定低温（最适宜温度是3～5℃）、湿度和通气条件下，须经过一定时间完成后熟过程之后才会发芽，即层积处理。实行秋播时，种子冬季在土中可以自然完成低温休眠，无需进行层积处理。

①层积时间　一般层积时间为50～60天。苹果主要砧木种子层积所需时间见表3-1。

表3-1 苹果主要砧木种子层积所需时间

种 类	层积时间（天）	种 类	层积时间（天）
山定子	30～50	河南海棠	30～40
楸 子	60～80	湖北海棠	30～50
西府海棠	40～80	新疆野苹果	50～60

以种子完成低温休眠后适宜陆地播种的时间来确定层积开始的日期。如在我国华北中南部地区种子播种的时期为3月上旬，若使用的砧木种子为八楼海棠，层积开始的时期应为1月上旬。

②层积方法

种子的浸泡：将干燥的种子取出，放在清水中浸泡12～24小时，捞去漂浮的秕种。

层积处理：取干净的河沙，用量为种子容积的5～10倍，沙子的湿度以手握成团不滴水、松手即散开为度。将浸泡过的种子和准备好的河沙混合均匀即可。

层积地点或层积坑、沟：选择地势较高的背阴、通风处，坑的深度以放入种子后和当地的冻土层平齐为宜。层积种子的厚度不超过30厘米。

种子量小时，可用透气的容器（木箱或花盆）装盛。注意容器先用水浸透，将混匀的材料装入，上面覆1～2厘米厚的湿沙，放入挖好的层积坑内。种子量大时，可挖长方形的层积沟进行处理。沟宽50～60厘米，长度不限。沟深按当地冻土层的厚度加上层积种子的厚度（30厘米左右）计算。

（3）播 种

①种子生活力鉴定 播种前为了确定单位面积的播种量，应准确了解种子萌芽力，这就需要对种子进行生命力鉴定。

第一，目测法。直接观察种子的外部形态。种粒饱满，种皮新鲜有光泽，种粒重而有弹性，胚及子叶呈乳白色、不透明，用手按不破碎，无发霉气味的即为有生命力的种子。

第二，染色法。种子胚的活细胞壁具有选择渗透的作用，某些化学染料不能渗入活细胞质中，死的细胞则能渗入，所以被染色的胚为死胚。常用的染色剂有靛蓝、胭脂红、曙红等，也可用红墨水。将待测种子用温水浸泡 24 小时，种子膨胀后剥去种皮，取出种胚，放入红墨水 1 份 + 水 9 份的混合液中，浸染 15 分钟后，用水冲洗干净，进行观察。凡是没有着色或胚根尖端着色小于种胚 1/3 的都属于有生命力的种子。凡有种胚全部着色、子叶着色、胚轴着色之一者为无生命力种子。

第三，发芽试验。用一定数量的种子，在适宜的条件下，使其发芽，根据发芽的百分数确定种子的生活力。发芽试验必须在经过层积处理后进行，其结果才准确。此法不仅能鉴别种子生活力高低，而且能鉴别种子发芽势（指种子萌发的整齐度）的强弱。一般在播种前都应进行发芽试验，以准确核定播种量。

②播种时期 原则上分秋播和春播。适宜的播种时期，应根据当地气候、土壤条件及种子的特性决定。

秋播：秋播省去了沙藏过程，种子可直接在田间休眠，适于土壤墒情良好、冬季雨雪多的地区，这样种子在地里经过冬季自然通过了后熟时期，翌年春可及早萌发出苗。河北南部 10 月下旬至 11 月上中旬土壤冻结前播种最好。秋播要求冬季必须温暖潮湿，北部地区比南部提早半月播种最好。但当地冬季比较干旱、土壤墒情没保证，或冬季风沙大，不宜秋冬播种，则在这些地区进行秋播，翌年春出苗率很低或完全不出苗。如北京地区就不适宜秋播，原因是湿度不足，温度不高，应以春播为好。

春播：冬季严寒、干旱、风沙大，鸟、鼠害严重的地区，宜进行春播。春播的种子必须经过沙藏。虽然沙藏费工，但出苗相当整齐。春播的时期一般在土壤开冻后。在我国中部地区一般 3 月上旬即进行播种。华北地区一般春播在 3 月上中旬即可，北京附近是 3 月下旬至 4 月上旬。根据低温情况和该品种生根时对低温的要求进行春播，如海棠生根要 9～11℃，北京地区 3 月下旬

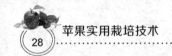
5厘米以下土温是8.2℃，4月上旬是11.2℃。

③播种量　单位面积内计划生产一定数量的高质量苗木所需要的种子数量即为播种量。播种量不仅影响产苗数量和质量，也与苗木成本有密切关系。实际播种量应高于计算值。确定播种量，首先考虑每亩出苗数，一般为8 000～10 000株，太密不行；其次是每千克种子的粒数、种子发芽率；还应考虑播种方式、田间管理及自然灾害等因素造成的损失等。通常每公顷用西府海棠、楸子种子15～22.5千克（1～1.5千克/亩）；山定子7.5～15千克（0.5～1.0千克/亩）；湖北海棠在两者之间，西府海棠可多些，每亩播30～45千克（2～3千克/亩）。

④播种方法　多用条播。

苗圃地的准备：地势平坦、土质肥沃、土层深厚，没有做过果树苗圃的地块。每亩地施有机肥500千克、复合肥25千克，撒匀后浇水。播种前5～7天浇1次透水；播种前1～2天翻地深20厘米左右，做畦。畦宽90～100厘米，畦长最好不超过50米，以便于管理。

播种：一是适时播种。当层积处理的种子5%左右开始萌芽且长至2～3毫米时，就可以进行播种了。二是播种方法是采用宽窄行带状条播。在每个畦的中间，划两条深约2厘米的播种沟，两沟间隔20～30厘米，将经过沙藏的种子均匀地点播或撒播于沟内，覆土，土的厚度为种子长度的3～5倍，整平，稍加压实，盖地膜，以起到保墒和提高地温的作用。

（4）田间管理　出苗后及时撤除地膜。中耕除草，根据苗情适时浇水，浇后可划锄保墒，保持土壤含水量在55%～75%。当幼苗长出3～4片真叶时，及时间苗。及时喷施杀菌剂防治苗猝倒病、立枯病的发生，可间隔10～15天用25%的甲霜灵可湿性粉剂800倍液、40%乙膦铝可湿性粉剂200倍液喷雾防治猝倒病；50%甲基硫菌灵可湿性粉剂500倍液、50%多菌灵可湿性粉剂500倍液进行喷雾防治立枯病。注意金龟子、象甲、蚜虫等害虫危害。金龟子、象甲可用 2.5% 三氟氯氰菊酯乳油 2 000 倍喷雾防治，蚜虫可用 10% 吡虫啉可湿性粉剂 3 000～4 000 倍液喷雾防治。

2. 营养系矮化砧苗的繁殖 营养系矮化砧有分株、扦插、压条繁殖 3 种。分株繁殖出苗少，扦插繁殖有一定困难，生产上多采用压条繁殖。

压条繁殖时将未脱离母体的枝条埋于土中，借助母体提供的养分，促使压入土中的部分生根，然后将其剪离母体成为独立砧苗。压条繁殖有直立压条和水平压条两种。水平压条繁殖速度快，砧苗根系好，应用较普遍。选用根系良好、枝条充实、粗度较均匀和芽眼饱满的砧苗作为母株，剪留 50 厘米，在栽植沟内与地面呈 40° 角向北倾斜栽植，连续灌 2 次透水后封土。封土后的栽植沟平面应低于原地面 3～5 厘米。母株苗定植后要及时覆盖地膜，以提高地温并保墒。母株苗栽植成活后，待苗干多数芽萌发时（新梢旺长前期），顺母株苗栽植的倾斜方向将苗干压倒在略低于地面的栽植沟内，用第二株苗的基部压住压倒后的第一株苗梢部，以此类推。用短竹竿交叉固定埋入地下的砧苗，防止苗干中部鼓起。同时，抹除母株苗干基部和梢部的芽，使母株苗干上的新梢长势均匀。

待苗干上多数新梢长至 15 厘米以上（砧苗压倒后约 20 天）时，进行第一次培土（腐熟土杂肥或商品有机肥：园土：锯末为 1:4:5），培土厚度 5 厘米，以后随着新梢生长，在 30～40 天内分次增加培土厚度，至培土厚度 30 厘米。保持苗床内的土壤含水量为田间持水量的 55%～75%。适度追施 2～3 次以氮为主的复合肥。秋末，扒开苗床培土，露出压倒母株苗干及其上 1 年生枝基部长出的根系。将每条生根的 1 年生枝在基部留 1 厘米短桩斜剪，即成为砧苗。母株苗干留在原处，以便第二年从剪口下萌发新梢继续培养。剪苗后原母株苗干重新培土，灌水越冬。剪下的砧苗分级后，沙培保温、保湿越冬，翌年春季作砧木使用。

3. 矮化中间砧苗的繁殖 以实生砧作基础，其上嫁接一段矮化砧并留有一定长度的枝条作中间砧，在中间砧上嫁接苹果品种的成苗，称为矮化中间砧苹果苗。尚未嫁接苹果品种的砧苗，称为矮化中间砧苗，矮化中间砧苗具有实生砧抗逆性强和中间砧段矮化作用的双重特点。矮化中间砧苗的培育一般需 2～3 年时间。

3 年出圃苗的培育方法是第一年在实生砧上，于秋季嫁接矮化砧接芽，第二年春正常剪砧，当矮砧芽梢长到 30 厘米以上时，于其上 20～25 厘米处芽接苹果品种，第三年春正常剪砧，秋季可成苗。

（二）嫁接苗的培育

嫁接苗是将苹果优良品种的枝或芽嫁接到砧木上而长成的新植株。所有的苹果苗木都是通过嫁接得到的。嫁接苗除保持品种固有的优良特性外，还可以提早结果，增强对干旱、水涝、盐碱、病虫等不良环境的抗性。

1. 接穗采集、保存

（1）采穗 接穗应从品种纯正、树体健壮、无病虫害、处于盛果期的大树上选取。选树冠外圈、生长正常、芽体饱满的新梢作接穗。

芽接用的接穗取自当年生新梢，枝接用的接穗也最好采自发育充实的 1 年生枝，不要选取其内膛枝、下垂枝及徒长枝作接穗。夏季芽接时，采接穗后立即剪除叶片，以防止水分蒸发，只保留 0.3～0.4 厘米的叶柄，同时接穗采好后注意保湿。

（2）保存接穗 最好就近采集，随采随接。外运的接穗，及时去掉叶片的同时可用潮湿的棉布或塑料布包裹，防止失水，挂好品种标签，标明品种、数量、采集时间和地点，运到目的地后，即开包浸水，放置于阴凉处，最好开空调调节温度或培以湿沙。冬季可结合苹果树修剪收集接穗，保存接穗时要注意保湿和防止冻害发生。

2. 嫁接　目前，生产中应用最广泛的嫁接方法有芽接和枝接两种。

（1）**芽接**　芽接是用一个芽片作接穗。采用芽接接穗利用率高，接合部位牢固，嫁接时间长，成活率高，操作方便，嫁接效率高。

①芽接时期　芽接时期因地区不同稍有差异。河南、山东、安徽、江苏等省的黄河故道地区，一般从6月上旬即可开始芽接，一直可持续到9月上旬，但以7月下旬至8月中旬芽接最好。

②芽接方法　芽接时先削取芽片，再切割砧木，然后取下芽片插入砧木接口，及时绑缚。芽接多采用"T"形芽接法。

在接穗中段选取充实饱满的芽子。削取接芽时，在接穗芽子上端0.4～0.5厘米处横向切一刀深达木质部，再在接芽的下方1～1.5厘米处由浅至深向上推，削到横向刀口时，深度约0.3厘米，剥取盾状芽片；接着在砧木距地面5～10厘米处选择光滑部位用芽接刀切开1厘米长的横口，深达木质部；然后在横口中心向下切2厘米长的竖口，成"T"字形；用刀尖轻轻剥开两边的皮层，将削好的芽片插入砧木的接口内，使芽片上端与砧木横向切口紧密相接。最后用宽1厘米左右的薄的塑料薄膜绑缚严密，只露出叶柄。

嫁接后10～15天，检查苗木成活情况。凡叶柄一碰即落就是成活芽，随即可解除绑缚物，以免影响砧木加粗生长；凡叶柄僵硬不易脱落者就是未成活芽，要及时进行补接。

（2）**枝接**　与芽接相比操作技术复杂，工作效率低。但当砧木比较粗、砧穗处于休眠期而不易剥离皮层、幼树高接换优或利用坐地苗建园时，采用枝接比较有利。

①枝接时期　枝接或带木质芽接一般在春季气温明显升高后，树液开始流动、树皮易剥开时进行，到萌芽期嫁接完成。

②枝接方法　枝接方法有劈接、插皮接、切接、腹接、皮

下接等。嫁接时要选择节间长短适中、发育充实的 1 年生枝作接穗。刀要快，操作要迅速，削面长而平，形成层要对齐，包扎紧密。

劈接：常用于较粗大的砧木或高接换种。砧木在离地面 6～10 厘米处锯断或剪截，断面须光滑平整，以利愈合。从断面中心直劈，自上向下分成两半（较粗的砧木可以从断面 1/3 处直劈下去），深约 3～5 厘米。接穗长度留 2～4 芽为宜，在芽的左右两侧下部各削成长约 3 厘米的削面，使其成楔形，并使上端有芽的一侧稍厚、另一侧稍薄。然后将削好的接穗稍厚的一边朝外插入劈口中，使形成层互相对齐，接穗削面上端应高出砧木劈口 0.1 厘米左右。用塑料薄膜将嫁接部位绑缚严密。在北方干旱地区，为防水分散失影响苗木成活，可用蜡涂封接口或培土保湿。

插皮接：当砧木较粗大、皮层较厚、易于剥离时可进行插皮接。自砧木断面光滑的一侧将皮层自上而下竖划一切缝，深达木质部，长 3 厘米左右。接穗末端削成较薄的单面舌状削面。将削好的接穗大斜面面向木质部，慢慢插入皮层内。在插入时，左手按住竖切口，防止插偏或插到外面，插到大斜面在砧木切口上稍微露出为止，然后用塑料薄膜绑缚嫁接部位。

3. 嫁接苗的管理

（1）芽接苗的管理

①剪砧　为了保证苹果苗的质量，一般情况下，芽接好后当年不剪砧。第二年春季萌芽前进行剪砧工作。在接芽上方 0.5 厘米处，剪除砧木。此时无需采取涂抹措施，但要注意剪口平滑，不要造成剪口劈裂。

②除萌　在接芽萌发的同时，及时去除砧木上的其他萌芽，保证接穗芽生长良好。要注意随萌随抹。

③浇水、施肥　苗木根系较浅，抗旱性差，要做到小水勤浇。在嫁接苗速长期，结合灌水追施氮肥，可选用尿素或磷酸二铵，施肥量一般 120～150 千克/亩，入秋后停施氮肥并控制浇

水量，防止苗木徒长。结合防治病虫害，喷施 2～3 次 0.3%～0.5% 尿素或磷酸二氢钾溶液，作为叶面追肥。

④中耕除草　及时松土保墒，清除杂草。

⑤防治病虫害　对苗期易发生危害的蚜虫、红蜘蛛、食叶害虫，及时喷洒杀虫剂。对苹果叶片褐斑病、炭疽病、轮纹病等可喷洒杀菌剂进行防治。在第一场雨后使用 43% 戊唑醇 3 000 倍液防治叶片褐斑病，此后每隔 15～20 天用药 1 次，期间间隔配合使用 50% 甲基硫菌灵可湿性粉剂 600～800 倍液 2～3 次。

（2）枝接苗的管理

①解除绑缚物　当接穗芽长到 40 厘米左右时，为防止影响嫁接部位增粗，及时松开绑缚物，再轻轻裹好，等到接穗芽长到 60 厘米以上时，再彻底去除绑缚物。

②绑支架　如果嫁接部位比较高，新梢生长比较快时，为防止接穗新梢被风吹折，当长度达到 50 厘米以上时即可在砧木上绑一根竹竿或木条，方向和接穗新梢水平，将新梢固定于其上。

③嫁接后除萌　肥水管理、病虫害防治等管理措施与芽接苗管理相似，可参考进行。

（三）苗木出圃

1. 起苗和分级　起苗时间依栽植时期而定，分为秋季和春季 2 种。秋季可于土壤结冻前进行，须调运外地的苗木可适当提早起苗；春季于土壤解冻后至苗木发芽前起苗。

优良苗木基本要求为品种和砧木类型纯正，无检疫对象和严重病虫害，无冻害和明显的机械损伤，侧根分布均匀舒展、须根多，接合部和砧桩剪口愈合良好，根和茎无干缩皱皮现象。苗木分级参考《国家标准——苹果苗木》（GB 9847-2003）进行。主要要求包括：二级以上乔化砧苹果苗或矮化中间砧苹果苗根粗 ≥ 0.3 厘米、长度 ≥ 20 厘米的根超过 5 条，基砧长度 ≤ 5 厘米（中间砧长度 20～30 厘米），苗木高度超过 100 厘米，粗度 ≥ 1 厘米。

二级以上矮化自根砧苹果苗根粗≥0.2厘米、长度≥20厘米的根超过10条，砧木长度15～20厘米，苗木高度超过100厘米，粗度≥0.8厘米。所有类型的苗木倾斜度均要求≤15°，整形带内饱满芽均超过8个。

2. 苗木保管、包装、运输　秋末起苗后，在背风、向阳、高燥处挖假植沟。沟宽50～100厘米，沟深和沟长分别视苗高、气象条件和苗量而定。须挖两条以上假植沟时，沟间平行距离应在150厘米以上。沟底铺湿沙或湿润细土厚10厘米，苗梢朝南，按砧木类型、品种和苗级清点数量，做好明显的标志，斜立于假植沟内，填入湿沙或湿润细土，使苗的根、茎与沙、土密接。苗木无越冬冻害或无春季抽条现象的地区，苗梢露出土堆外20厘米左右；苗木有越冬冻害或有春季抽条现象的地区，苗梢应埋入土堆下10厘米左右。冬季多雨雪的地区，应在沟四周挖排水沟。

苗木运输前，可用稻草、草帘、蒲包、麻袋和草绳等包裹绑牢。每包50株，包内苗根和苗茎要填充保湿材料，以不霉、不烂、不干、不冻、不受损伤为准。包内外要附有苗木标签，以便识别。用汽车运苗木时，途中应有帆布篷覆盖，以防雨、防冻、防干。到达目的地后，苗木应及时被接收，尽快将其假植或定植。

（四）优质苗木的标准

优质苗木要求砧木品种纯正，砧穗亲和力强，接合部位愈合好，生长一致，根系形态正，色泽鲜艳，侧根多，须根发达，基根粗，苗高适中，整形带内芽体饱满的2年生（乔化砧）或3年生（矮化中间砧）苗。

第四章

建　园

　　苹果园建园技术，其宗旨是建立一个高标准的果园，最大限度地提高经济效益。苹果是多年生木本植物，进入盛果期需4～5年，因此建园要有发展的眼光，需提前预计多年以后的情况。苹果栽培和生产管理过程中受气候因素的影响大，同时生产中要调节好果树营养生长和生殖生长的关系，需要一定的技术水平。另外，苹果1年只开1次花，异花授粉，生长季病虫害种类多。根据上述特点，大面积发展建园，要考虑以下问题：①果园应具备较好的自然条件，且当地的自然条件与栽植品种及砧木所需的环境条件是否一致或相近。②怎样选择优良品种进行规模化生产。③灌水、排水系统是否健全。④是否具有早果、丰产的技术保证。⑤能否进行机械化作业，提高劳动效率，降低成本。⑥如何矮化密植，集约化栽培。

一、园地的选择

　　园地的选择条件必须能满足苹果树多年正常生长发育的需求。果园面积应相对集中，有一定规模，且交通便利，以方便果品的运输和销售。不同品种对环境条件的要求不同，对土层厚度、地下水位的高低、耐旱性、土壤酸碱性、最高和最低温、冬季需冷量、生长期长短等问题，在建园时都要充分考虑。

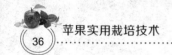

（一）苹果树对自然环境的要求

影响苹果生长发育的自然环境主要包括气候、地势、坡向以及土壤条件等，是否适宜果树生长取决于这些因素的综合情况。

1. 气候　栽培苹果的最适宜区域要求年平均气温 8～12℃，1 月中旬平均气温 –14℃以上，年极端最低温度 –27℃以上；夏季（6～8 月份）平均气温 19～23℃，大于 35℃的日数少于 6 天；6～9 月份平均日照时数 150 小时以上，年降水量 560～750 毫米。

符合上述条件的地区主要有我国的黄土高原地区和川滇横断山区，是栽培苹果的最适区。渤海湾地区和华北平原基本符合，是栽培苹果的生态适宜区，也是我国最大的苹果产区。

不同品种最适宜的生态条件要求也不同。新红星苹果要求均温 9～11℃，1 月份平均气温 –9～0℃，年最低气温 –25～10℃，夏季（6～8 月份）平均气温 18～24℃，夏季平均最低气温 13～18℃，年降水量 201～800 毫米，6～9 月份日照时数 >80 小时，海拔高度 800～1 300 米；红富士分布在 1 月份平均气温 –10℃线以南地区，温量指数（4～10 月份的各月平均气温减去 5℃后之和）以 85℃以上为宜，如山东胶东、陕西白水、辽宁六连等地的温量指数均在 90～100℃。

苹果园适于建在年平均风速为 3.5 米/秒以下的地带。在花期风速经常超过 6 米/秒时，会导致苹果坐果率降低，还易造成树体偏冠、落果损叶甚至折枝等不良后果。

2. 地势、坡向　山地的各坡向一年四季中所接受的光照时数及热量不同。南坡光照充足、气温偏高，早熟品种果实熟期可提前，果实色泽、品质也好；东坡和西坡次之；北坡果实熟期推迟，果实品质不及南坡。

选址建园的坡度要低于 15°，坡度 6°～15°的山区、丘陵要选择背风向阳的南坡并修筑梯田。平地、滩地和 6°以下的缓坡地，南北行向栽植 6°～15° 的坡地，栽植行沿等高线延长。

3. 土壤条件 栽培苹果的土壤以土层深厚而肥沃的壤土和沙壤土最合适，有机质含量 1% 以上，活土层 60 厘米以上，土壤孔隙中空气含氧量 15% 以上。土壤微酸性到中性（pH 值 5.5～7），总盐量在 0.3% 以下，地下水位低于 1.5 米，田间持水量保持在 60%～80%，土地平坦，以利于排灌。

我国苹果优质区的土壤种类，主要为褐土、黄垆土、黄绵土、灰钙土和棕壤土等，其中褐土类区域更易生产出优质苹果。

（二）园地类型及特点

1. 平地 平地是指地势比较平坦或地表高度差起伏不大、坡度不超过 5° 的平地或缓坡地。其优点是气候差异不大，土壤类型基本一致，交通便利，管理方便，便于机械作业，土壤流失少，土层厚，水分足，有利于果树生长，产量高，寿命长。缺点是通风、光照、排水不如山地和丘陵地果园，果实上色不好，风味较差。根据平地的成因可分为冲积平原、泛滥平原和滨湖、滨海平地等。

（1）**冲积平原** 地面平整，土壤肥沃，土层深厚，地下水质好。一般在离山或丘陵较近的地区。如邯郸—石家庄铁路沿线，在此地建园时主要考虑地下水位。地下水位不要过高，要低于 1.5 米，果树才能正常生长。

（2）**泛滥平原** 是指河流泛滥后形成的平原，如黄河故道地区。一般为沙壤土，土层深厚，土壤通气、排水性好，保水、保肥力差，其壤土导热快、昼夜温差大，果实品质较好。建园时要多施有机肥，提高土壤的保水、保肥能力。

（3）**滨湖、滨海平地** 是指江河的下游，由于其接近大的水体，温度受大水体调节，变化较小，自然灾害少。缺点是地下水位高，含盐量高，土粒细，多有黏土，透气性差。土壤有机质含量低，易受台风或大风袭击。建园时要选地下水位低的地方，多施有机肥，改良盐碱地，营造防护林，如河北省的衡水、沧州、廊坊地区。

2. 丘陵地 地面高度起伏不大，上下交通较方便。丘陵地区的土壤肥力、水分条件变化很大，果园规划设计及管理难以统一，但丘陵地区通风光照条件好，果树生长好，结果早，果实品质好、耐贮藏。建园时要注意水土保持，防止水土流失，同时要建立灌水系统。

3. 山地 山地光照充足、通风好，但地形复杂、高度变化大、海拔高。坡向、坡度影响土壤和小气候的变化。果实色泽好、风味浓，耐贮藏。

一般来说，凡是年均气温6℃以上，绝对最低温度不低于-30℃，有一定土层厚度的地方都可建园。

4. 海涂 海涂地势平坦开阔，自然落差较小，土层深厚，富含钾、钙、镁等矿物质营养成分，土壤含盐量高，碱性强土壤的有机质含量低，土壤结构差，地下水位高，在台风登陆的沿线更易受台风侵袭。缺铁黄化是海涂地区栽培果树的一大难题。

二、园地的规划和设计

园地规划和设计的内容包括土地和道路系统的规划，附属建筑物的规划设计，树种、品种的选择和配置，果树防护林、排灌系统及水土保持的规划和设计。

（一）社会调查和园地调查

1. 社会调查 了解果树生产的现状及发展趋势、果品的销售市场、果品的用途、销售渠道、建园单位的总人口、劳动力、资金积累情况、技术力量、当地人民的生活水平等，为建立果园提供可靠的依据。

2. 园地调查 大面积建园，须由熟悉当地情况的人员和技术人员组成调查组，详细了解当地气象条件、果树发展的历史、园地的土质、土壤 pH 值、地形、地貌、水利条件等情况，绘制出平面图并整理成文字材料，为果园设计提供可靠的依据。

（二）园地的规划

园地的规划包括小区划分、道路系统、排灌系统及建筑物、防护林等。

1. 小区的划分 为便于作业管理，面积较大的苹果园可划分成若干个小区。小区是组成果园的基本单位，它的划分应遵循以下原则：①在同一个小区内，土壤、气候、光照条件基本一致。②便于防止果园土壤侵蚀。③便于果园防止风害。④有利于机械化作业和运输。

（1）小区的面积 平地果园可大些，小区以 30～50 亩为宜，低洼盐碱地以 20～30 亩为宜（含排碱沟），丘陵地区以 10～20 亩为宜，山地果园为保持小区内土壤气候条件一致，以 5～10 亩为宜。整个小区的面积占全园的 85% 左右。

（2）小区的形状 小区的形状以长方形为好，便于机械化作业。平原小区长边最好与主风害的方向垂直，丘陵或山地小区的长边应与等高线平行。这样布置的优点很多，如便于灌溉、运输，防止水土流失，保持气候条件一致等。小区的长边不宜过长，以 70～90 米为好。

2. 水利系统的规划

（1）灌水系统的规划 果园的灌水系统包括蓄水、输水和运输灌水网三个方面。果园建立灌溉系统，要根据地形、水源、土质、蓄水、输水和园内灌溉网进行规划设计。灌溉系统包括水源（蓄水和引水）、输水和配水系统、灌溉渠道。

①蓄水引水 平原地区的果园需利用地下水作为灌溉水源时，可在地下水位高的地方筑坑井，地下水位低的地方设管井。果园附近有水源的地方，可选址修建小型水库或堰塘，以便蓄水

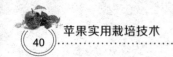

灌溉；若周边有河流时可规划引水灌溉。

②输水系统 果园的输水和配水系统包括平渠和支渠。主要作用是将水从引水渠送到灌溉渠口。设计上必须做到以下几点：一是位置要高，便于大面积灌水。干渠的位置要高于支渠和灌溉渠。二是要照顾小区的形状，并与道路系统相结合。根据果园划分小区的布局和方向，结合道路规划，以渠与路平行为好。输水渠道距离要尽量短，以节省材料，并能减少水分的流失。输水渠道最好用混凝土或用石块砌成；在平原沙地，也可在渠道土内衬塑料薄膜，以防止渗漏。三是输水渠内的流速要适度，一般干渠的适宜比降在0.1%左右，支渠的比降在0.2%左右。

③灌水渠道 灌水渠道紧接输水渠道，可将水分配到果园各小区的输水沟中。输水沟可以是明渠，也可以是暗渠。无论平地还是山地，灌水渠道长度都与小区的长边一致，输水渠道长度与短边一致。

山地果园设计灌水渠道时与平原地果园不同，要结合水土保持系统沿等高线，按照一定的比降构成明沟。明沟在等高撩壕或梯田果园中，可以排灌兼用。有条件的果园可以将灌水渠道设计成喷灌或滴灌。

（2）排水系统的规划

排水系统的作用是防止发生涝灾，促进土壤中养分的分解和根系的吸收等。排水技术又分平地排水、山地排水、暗沟排水三种。

①平地排水 平地苹果园排水系统由排水沟、排水支沟和排水干沟3部分组成。一般可每隔2～4行树挖一条排水沟，沟深50～100厘米，再挖较宽和较深的排水支沟和干沟，以利果园雨季及时排水。

②山地排水 靠梯田壁挖深35厘米左右的排水沟，沟内每隔5～6米修一个长1米左右的拦水土埂，其高度比梯田面低10厘米左右，称"竹节沟"。在其出水口处，挖长1米，深、宽各

60 厘米的沉淤坑，再在其上面修个石沿，称"水簸箕"，以免排水时冲坏地堰。

③暗沟排水 排水沟在解涝地的地面以下，用石砌或用水泥管构筑暗沟，以利排除地下水，保护果树免受涝害。

3. 道路的规划 分主路、干路和支路。主路应贯穿全园，并与园外的交通线相连，便于果品和肥料运输。山区道路应是环山路或"之"字形路。主路宽 6～8 米，能对开运输车；干路与主路相通，可围绕小区，作为小区的分界线，干路宽 4～6 米，能单向开主要运输工具；支路宽 2～4 米，在小区内作为作业道，过次要交通工具。

4. 果园建筑物的设计 果园内的管理用房、车库、药库、农具库、包装场、果库及养殖场（设在下风口），应设在交通方便的地方，占整个园区面积的 3%。为了建立高效益现代化的中大型果园（100 亩以上），还应作出养殖场的规划，实行果、牧有机结合的配套经营。

5. 防护林的设计

（1）防护林的作用 ①降低风速，减少风害。②减轻霜害、冻害，提高坐果率。在易发生果树冻害的地区设置防护林可明显减轻寒风对果树的威胁，减轻旱害和冻害，减少落花落果，有利果树授粉。③调节温度，增加湿度。据调查，林带保护范围比旷野平均提高气温 0.3～0.6℃，湿度提高 2%～5%。④减少地表径流，防止水土流失。

（2）防护林带的结构 防护林带可分疏透型林带和紧密型林带两种类型。

①疏透型林带 由乔木组成，或两侧栽少量灌木，使乔灌之间有一定空隙，允许部分气流从中下部通过。大风经过疏透型林带后，风速降低，防风范围较宽，是果园常用类型。

②紧密型林带 由乔灌木混合组成，中部为 4～8 行乔木，两侧或在乔木下部配栽 2～4 行灌木。林带长成后，上下左右枝

叶密集，防护效果明显，但防护范围较窄。

（3）防护林树种的选择 作防护林的树种应满足以下条件：①生长迅速，树体高大，枝叶繁茂，防风效果好。灌木要求枝多叶密。②适应性强，抗逆性强。③与果树无共同病虫害，不是果树病害的寄主，根蘖少，不串根。④具有一定的经济价值。

平原地区可选用臭椿、苦楝、白蜡条、紫穗槐等，山地可选用麻栗、紫穗槐、花椒、皂角等。果园周围应避免用刺槐、杨树、柏树、松树、泡桐等作防护林，因为它们是一些果树病害的潜隐寄主或传播体，如刺槐极易招引蝽象危害苹果，且刺槐分泌出的鞣酸类物质对多种果树的生长有较大的抑制作用，刺槐上的落叶性炭疽病菌也能感染苹果等果树，造成果树大量落叶。

（4）防护林营造

①林带间距、宽度 林带间的距离与林带长度、高度和宽度及当地最大风速有关。风速越大，林带间距离越短。防护林越长，防护的范围越大。一般果园防护林带背风面的有效防风距离约为林带树高的 25～30 倍，向风面为 10～20 倍。主林带之间的距离一般为 300～400 米，副林带之间的距离为 500～800 米，主林带一般宽 10～20 米，副林带一般宽 6～10 米。风大或气温较低的地区林带宽一些，间距小一些。

②林带配置和营造 山地果园主林带应规划在山顶、山脊以及山亚风口处，与主要危害风的方向垂直。副林带与主林带垂直构成网络状。副林带常设置于道路或排灌渠两旁。地堰地边、沟渠两侧也要栽上紫穗槐、花椒、酸枣、荆条、皂角等，以防止水土流失。

平地果园的主林带也要与主要危害风的风向垂直，副林带与主林带相垂直，主副林带构成林网。平地果园的主、副林带基本上与道路和水渠并列相伴设置。平地防护林系统由主、副林构成的林网，一般为长方形，主林带为长边，副林带为短边。在防护林带靠果树一侧，应开挖至少深 100 厘米的沟，以防其根系串入果园影响果树生长。这条防护沟也可与排、灌沟渠的规划结合。

三、苗木栽植

（一）授粉树的选择和配置

1. 授粉树应具备的条件 ①与主栽品种授粉亲和力强。②与主栽品种花期一致，花粉量大，花期长，容易成花。③与主栽品种能相互授粉，果实的经济价值较高。④对当地的环境条件有较强的适应能力，树体寿命长。

2. 合理配置授粉树 苹果自花结实率很低，建园树时必须有两个以上品种相互搭配，以利授粉。搭配授粉组合时，还应注意普通型配普通型、短枝型、矮砧树配短枝型、矮砧树。如果主栽品种为三倍体（如乔纳金、陆奥、北斗），因其花粉败育率高，必须配置两个或两个以上品种，既能为主栽的三倍体品种授粉，又能相互授粉。

在果园主要靠自然风传播花粉时，可将授粉树栽在果园外沿、上风方向，而在果园主要靠昆虫传粉时，考虑到蜜蜂访花喜欢顺行飞行，应将授粉树栽于行内，并保持适当比例。苹果主要品种的适宜授粉品种见表4-1。

表4-1 苹果主要品种的适宜授粉组合

主栽品种	适宜的授粉品种
嘎 拉	元帅系、专业授粉树（海棠等）
富士系	金冠系、元帅系、专业授粉树
元帅系	富士系、津轻、嘎拉、金冠系、专业授粉树

3. 授粉树的配置
（1）授粉树的数量 授粉树的数量应占总株数的20%～50%，

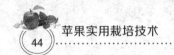
密植园授粉树与主栽品种树的比值为1∶8。授粉树与主栽配种的距离不能超过15～20米。

（2）授粉树配置方式

①中心式　常用于授粉树少、正方形栽植的小型果园。1株授粉树周围配置3～8株主栽品种。授粉树占果园总株数的12%～33%。

②少量式　可用于较大果园，这种方式授粉树配置较少。授粉树沿着果园小区长边方向成行栽植，每隔3～4行主栽品种配置1～2行授粉树，授粉树占果园总株数的12%～30%。

③等量式　授粉树与主栽品种隔2～4行相间排列栽植，授粉树占果园总株数的50%。

④复合式　在两个品种互相授粉不亲和或花期不完全相同时须配置第三个品种进行授粉。

（3）栽植中应注意的几个问题　①乔砧和矮砧不要混栽，避免由于生长速度的差异，造成树体大小不一。②普通型和短枝型不能混栽，否则树体大小不一，管理不便。

（二）栽植技术和栽后管理

1. 栽植的密度和方式

（1）确定栽植密度的依据　砧木品种不同，则特性不同，树体的高矮、大小差异很大，因此果树的生长特性决定了栽植密度。不同品种生长发育情况不同，普通型的株行距应大于短枝型矮化砧、半矮化砧或矮化中间砧，可以密植。

①土壤肥力和地势　土层薄、肥力差的土壤，果树生长弱，栽植密度可大些；土层厚、肥力高的土壤，果树生长势强，密度可小些。山地、丘陵地光照充足，紫外线多，树体受紫外线影响大，生长矮小，密度可大些。

②气候条件　气温高，雨量充足，果树生长旺盛，栽植密度要小；干旱低温、大风的地区，栽植密度可大些。如河北邯郸平

原地区株行距可大些，山区则可小些；河北南部比河北北部栽植密度小。

③栽培管理技术、管理水平和劳动力情况　栽培管理技术水平也制约栽培密度，即技术高，密度大些，反之则小些。

（2）栽植方式　采用比较好的栽植方式可以更经济地利用土地，便于今后的田间管理工作。在确定了栽植密度的前提下，可结合当地自然条件和所栽树种的生物学特性决定。

①长方形栽植　是生产中最常用的一种方式，行距大于株距，通风透光好，便于管理。

②正方形栽植　株距与行距相等，密植条件下通风不良。现一般较少使用。

③三角形栽植　株距大于行距，各行相互错开，呈三角形栽植。一般山地较窄时采用此法，也可用于平地，栽一行太宽、两行太窄的情况下，采用三角形的栽植方式，但该方式管理不便。

④等高栽植　适用于坡地或梯田果园，是长方形栽植方法在坡地果园中的应用。

⑤带状栽植　又叫宽窄行栽植。2～3行为一带，每带间有较大间隔，便于田间管理。优点是增强群体果树的抗逆性，如抗风、抗旱性。不足是带内通风透光不好，修剪时要考虑到这一点。

⑥篱壁形栽植　适于机械化作业，株间密，呈树篱状，也是一种长方形栽植方式。

（3）计划密植　定植时密度大，有利于提高苹果早期产量，早收回投资。以后随树体生长，枝条交错后，开始有计划地间伐，保持树的高产优质。

（4）栽植行向　行向问题有些争议，有人主张南北向，有人主东西向。如果考虑主害风问题，行向应与主害风垂直，若不存在问题，则生产上趋向于南北行好。

（5）栽植株行距　参考株行距如下：①苹果乔砧密植：3×5（44株/亩），3×4（55株/亩），2×4（83株/亩）。②苹果短枝型园：2×4（83株/亩），2×3（111株/亩）。③矮化中间砧：2×4（83株/亩），2×3（111株/亩）。

2. 栽植时期　苹果一般应在休眠期栽植，这时苗木体内贮藏养分多，水分蒸腾量小，断根易恢复，苗木栽植成活率高。苹果可在秋末冬初栽植，也可在春季栽植，应根据当地冬春季气候情况而定。

（1）**秋栽**　苗木从落叶后到土壤封冻前栽植。此时土壤温度和墒情较好，栽后根系伤口愈合快，栽植成活率高，缓苗期短，萌芽早，生长快。华北地区秋栽可在10月上中旬进行，栽后根系能得到一定的恢复，翌年春季萌芽早，生长旺，不缓苗。

（2）**春栽**　在土壤解冻后、苗木萌芽前进行。冬季干旱、寒冷地区要进行春栽。与秋栽苗相比，缓苗期长，萌芽迟，生长慢。冬季寒冷易抽条地区，多采用春栽。但苗木要在春季或秋季出圃进行假植。河北中南部以清明节前栽植苗木成活率最高。

3. 栽植前的准备

（1）**定点挖坑**　定植坑挖大一些，坑的长、宽、深可各挖60厘米，把表土和心土分开，表土混入有机肥，填入坑中，然后取表土填平，浇水沉实。

（2）**肥料准备**　腐熟好的有机肥2.5～5千克/株，尽量少用或不用化学肥料，以免产生肥害。

4. 栽植方法　将苗木放进挖好的栽植坑前，先将混好肥料的表土填一半进坑内，堆成丘状，将苗木放入坑内，使根系均匀舒展地分布于表土与肥料混堆的丘上，校正栽植的位置，使株行之间尽可能整齐对正，并使苗木主干保持垂直。然后将另一半混肥的表土分层填入坑中，每填一层都要压实，并不时将苗木轻轻上下提动，使根系与土壤密接，最后将心土填入坑内上层。进行深耕并施用有机肥改土的果园，最后培土应高于原地面5～10厘米，且根颈应高于培土面5厘米，以保证松土踏实下陷后，根颈仍高于地面。最后在苗木树盘四周筑一环形土埂，并立即灌水。

5. 栽后管理

（1）**浇透水** 保墒并提高地温，歪苗及时扶正。

（2）**立即定干** 根据整形要求，定干高度 75～80 厘米，整形带高 25～30 厘米。

（3）**缠裹塑膜** 在多风、干燥的山地栽植时，可全株裹塑料膜，防苗木抽条，提高其成活率，并可防止金龟子危害。待萌芽后去除。

（4）**补栽** 发现有死亡株，应及时补栽。

（5）**防治虫害** 幼树阶段一般食叶害虫多，如金龟子、象甲、蚜虫等。金龟子可在傍晚人工捕捉，集中销毁。发现金龟子、象甲等危害后，也可用 2.5% 三氟氯氰菊酯乳油 2 000 倍喷雾防治，蚜虫可用 10% 吡虫啉可湿性粉剂 3 000～4 000 倍喷雾防治。

（6）**及时除萌** 抹除同一节位上角度不适宜的、多余的芽，以减少养分损失。

（7）**追肥灌水** 成活展叶后，干旱时要浇水。6 月下旬至 7 月上旬要追肥 3～4 次，前期以氮肥为主，可追施尿素、磷酸二铵；后期以果树专用复合肥为主，按每株树 0.1～0.15 千克计算施肥量。8～9 月份通过控制浇水、摘心等措施控制植株旺长，提高其抗性，提高幼树越冬率。

（8）**幼树防寒** 栽植后及时关注异常天气变化，防止"倒春寒"危害。可以采取埋土防寒（保护根茎及主干）、提前 1～2 天灌水或设置风障、在主干捆草把等措施防寒。

第五章

花果管理

一、保花保果技术

（一）落花落果原因

我国大部分苹果产区都存在着严重的落花落果现象，严重影响着苹果的产量和品质，这与当地的立地条件有关，气候、土壤、生物等各种环境因素对苹果的生长发育都有各种不良的影响；同时还与栽培管理方式有关，因此了解苹果落花落果原因，科学进行花果管理，是实现苹果增产、提高果品质量的有效途径。引起苹果落花落果的原因很多，主要有以下几个方面。

1. 树体营养不良 贮藏营养水平的高低直接影响着苹果的花芽分化。树体营养不足严重影响花器官的发育，同样如果树体营养生长过旺，养分消耗过多，也容易引起落花落果。

2. 花芽质量差 苹果属于异花授粉树种，自花结实率低。花芽分化不完全，形成的花无雌蕊，花药瘦小或无花粉而散粉率低，授粉受精不良，子房干瘦、枯萎。

3. 种间的亲和差异或缺乏授粉树 主栽品种间亲和力的强弱直接影响授粉受精和坐果率的高低，是生产中确定授粉树搭配比例的重要依据，同时也是选择优良品种的条件之一。建园时未能按要求配置授粉树或授粉树配置不合理会导致主栽品种无法正常地完成授粉受精而坐果。

4. 花期气候不良　引起落花落果的恶劣天气主要有倒春寒、大风及沙尘天气。苹果花芽从萌动到开花集中在 3 月下旬到 4 月上旬，此时正值北方产区的倒春寒天气，较长时间低温使苹果花芽极易被冻伤至冻死，造成灾难性的损失。在苹果花期，若遇连阴天、扬沙尘天气，可降低花粉的散粉率，使授粉受精过程受阻。另外，花期遇 4 级以上的大风天气也会造成落花落果。

5. 管理水平低下　土壤瘠薄、树体养分匮乏、养料不足造成树势较弱，会影响花芽的质量；花期如果土壤营养和水分不足，根系发育不良，不能提供开花坐果所需的养分和水分，养分供应不平衡，均会引起落花落果。另外，在肥水充足的情况下，特别是氮肥过多、枝条徒长时，导致植株生殖生长和营养生长不协调，也会引起落花落果。

（二）保花保果措施

针对苹果落花落果，应采取预防为主，防、治、管相结合的措施。加强土壤管理为主，结合喷施微肥、生长调节剂使苹果生长处于中庸状态。外界灾难性天气和不可抗拒因素，原则上应以预防为主，通过增强树势提高抵抗不良环境的能力。另外，就是培育晚花、抗寒、耐湿、生育期短的优良品种。具体可采取以下措施。

1. 加强树体管理，提高树体营养水平

（1）加强土肥水管理　果实采收后立即追施一次速效性复合肥或果树专用肥，按照每株树 0.5～0.8 千克施用，施肥后浇水。重视秋施基肥，一般在 9 月底前完成，按照每生产 100 千克果实施有机肥 100～150 千克、尿素 200 克、过磷酸钙 1～2 千克、硫酸钾 300 克，充分混合均匀后进行施用，增加树体营养，提高花芽质量和数量。

（2）合理整形修剪　以夏季修剪为主，冬季修剪为辅。减少树冠郁闭，改善光照条件，对于花芽量大的树，剪除过弱、过密花枝，对留下的花枝疏蕾、疏花，使养分集中，提高坐果率。对于过旺的树或枝，要进行环剥或环割处理，此处理一般在花后15天左右进行。环剥或环割要注意伤口的保护，防止流胶的发生，深度达到木质部即可，宽度是干粗的1/10。

（3）加强病虫害的防治　加强病虫害的防治，合理使用农药，保护好果实和叶片，增加树体营养物质的积累，有利于花芽形成，提高单位面积的产量。果园病虫害种类很多，但是危害较大的病害有腐烂病、轮纹病、早期落叶病、套袋苹果黑点病、白粉病等；虫害有红蜘蛛、蚜虫、苹果小卷叶蛾、金纹细蛾、桃小食心虫等。防治苹果病虫害要坚持"预防为主、综合防治"的方针和"治早、治小、治了"的要求。

第一，要严格执行植物检疫。当前苹果病虫的主要检疫对象有苹果绵蚜、苹果根瘤蚜、苹果蠹蛾、美国白蛾、苹果黑星病、苹果锈果病等。在调运苗木、接穗、果品等工作时，一定要加强检疫，不可逃避检疫机关检疫。

第二，要加强病虫害预测预报。根据病虫全年发生规律，结合苹果的物候、气象、天敌等进行全面科学分析，预测病虫害未来发展的态势，为及时防治病虫害提供最佳时期和方法。

第三，要实施农业综合防治措施。农业防治是基础，主要采取以下方法：①果园规划时不要把苹果与梨、桃等混栽，以防桃小食心虫、梨小食心虫寄主转移；苹果园周边不宜栽植桧柏，以减轻锈病的发生。②通过深翻改土、增施有机肥，增强树势，增加树体抗性；结合深翻改土，深埋病虫枝叶，降低食心虫数量及早期落叶病病原越冬基数；重茬地建园时要采取必要改良措施，如轮作、客土等。③合理负载，盛果期树根据立地条件、管理状况亩产控制在3 000～4 000千克，维持合理树势。④合理修剪，改善树体通风透光情况，增强树势。⑤刮除腐烂病病斑、老翘皮，清扫枯枝落叶，消除病虫越冬场所。

第四，实施生物防治。以虫治虫、以菌治虫、以菌治病、以食虫动物治虫、利用生物绝育法和激素法等降低虫害。保护和利用寄生性、捕食性昆虫，如寄生蜂、草蛉、瓢虫、捕食螨等；利用昆虫病原微生物，如白僵菌等；保护益鸟；利用抗菌素防治病害，如多种农用抗菌素等；利用昆虫激素，如性诱剂、保幼激素等。

第五，应用物理防治措施。主要技术措施有人工捕杀、诱集捕杀（灯光诱杀、食饵诱杀、潜伏诱杀、捆绑诱虫带）、阻隔保护（套袋、涂黏虫环、树干涂白等）。

第六，化学防治，但要求科学、合理使用化学药剂，做到对症用药、适时用药、科学用药，合理混合、轮换、安全用药。具体病虫害防治药剂及方法可参考本书第八章。

2. 花期授粉　苹果是异花授粉植物，在有授粉树的果园中，也需要通过辅助授粉来提高坐果率，达到高产、优质、高效的目的，主要有昆虫（蜜蜂、壁蜂等）授粉和人工辅助授粉。

（1）昆虫授粉

①蜜蜂授粉　苹果园放蜂。在开花前 3～5 天，将蜂箱移入苹果园内。放蜂的数量大致如下：对于强壮的蜂群，每公顷果园 3～5 箱蜂，可增产 65%；对于弱蜂群，要适当增加蜂群的散量，每公顷果园增加至 15 箱蜂。在天气正常、风和日丽时，蜜蜂大量出来活动，授粉效果很好，坐果率能达到 70% 以上，增产效果很明显。果园放蜂期间不能喷药，以免伤害蜜蜂及其他访花的昆虫。

②壁蜂授粉　投放时间为开花前 3～5 天，在果园行间每 26～30 米^2 设置一巢箱（距离地面 33 厘米左右），并在巢箱前挖一个 40 厘米×40 厘米×40 厘米的水坑，保持土壤湿润，供蜂衔泥筑巢，完成后将蜂茧放在一个扁长方形纸盒内，盒前壁留 3 个圆孔以便蜂脱壳而出，若蜂茧放置后有一部分较长时间不出壳，可用手在放蜂的纸盒内喷些水加湿，这样就完成了整个投放

蜂的过程。

　　放蜂量：初果期幼树，每亩放 100 头壁蜂；盛果期大树，每亩放 60 头左右即可。蜂巢相距 40～50 米（壁蜂有效活动范围）。但若放蜂量过多，则使坐果率过高，会造成树体营养浪费，并增加疏果工作量。蜂巢相距过远，蜂巢 50 米以外的地方，坐果率低，应辅以人工授粉。

　　（2）人工授粉　花粉的人工采集方法是采集授粉品种的花蕾（蕾铃期，即含苞待放的未开花蕾），双手拿两朵花蕾相对揉搓，就可把花药脱下，除去其中的花丝、花瓣，薄薄地摊于报纸上，在室温下晾干，即会放出黄色花粉。待花药全裂开散粉后，把报纸收拢过筛，除去干燥的花药，收取纯净的花粉，置阴凉干燥的地方保存，注意花粉必须干燥且不能见直射的阳光。

　　①人工点授　以中心花开放 15% 左右时开始进行人工点授。将干燥的花粉装入干净的小玻璃瓶中，用带橡皮的铅笔或毛笔来蘸取花粉，轻轻一点柱头即可，一次蘸粉可连续授粉 3～5 朵花，每个花序可授粉 1～2 朵。

　　②喷粉　把采集好的花粉与滑石粉或淀粉按 1∶50～80 的比例混匀，在盛花期进行大树喷粉。

　　③液体授粉　将采集的花粉混合于白糖和尿素溶液中进行喷雾授粉。花粉液的配方是水 12.5 升、白砂糖 25 克、尿素 25 克、花粉 25 克，先将糖、尿素溶于少量水中，然后加入称量好的花粉，用纱布过滤，再加入足量水搅拌均匀。为提高效果，可在溶液中加少许豆浆，以增强花粉液的黏着性。为了提高花粉的活力和发芽力，还可在溶液中加入 25 克硼酸。花粉液随配随用，不能久放和隔夜。

　　3. 花期树体喷水补肥　花期树体喷水增加了空气湿度，降低了花粉及柱头因干燥而失水失活的比例，因此可以提高坐果率。开花坐果期树体喷施 0.1%～0.2% 的硼肥，可促进花粉管的伸长；喷施 0.2%～0.3% 的尿素或磷酸二氢钾均可促进坐果，减少落果的发生。

4. 幼果期喷肥和植物生长调节剂　幼果期叶面喷肥，喷施利果美 500～600 倍液、0.35%～0.5% 的尿素或 0.3% 的磷酸二氢钾，补充树体营养，减少枝条和幼果间的养分竞争，可以有效地减少落果。坐果后，新梢旺盛生长期，叶面喷施 PBO 300～500 倍液，可以显著抑制新梢生长，促进花芽分化，提高第二年的坐果率。

二、疏花疏果

及时疏除过多的花果，是保持树势，争取稳产、优质、高产的一项技术措施。开花过量会消耗大量贮藏的营养，加剧幼果和新梢之间的营养竞争，导致大量落果。若果实过多，树体的赤霉素水平增高，则会抑制当年花芽的形成，造成大小年现象。因此，及时且适宜地疏花疏果，可以提高优质果品的比例和提高树势。

（一）疏花疏果的好处

苹果花量过多，开花势必消耗大量营养。若疏去多余的花果，就能节省养分，减少养分竞争，不但不影响坐果，反而能提高坐果率。疏除过多的果实，会改善留的生长条件，有利于果个的增大、果实品质和商品价值的提高。因此，为了保持树势，争取高产、稳产，优质及时而适宜的疏花疏果是极为必要的。

（二）疏花疏果的原则

1. 宜早不宜迟　疏花越早越好，疏果不如疏花，疏花不如破芽。

2. 克服惜花惜果观念　按树定产、按株定量、按量留花留果，切勿舍不得疏除。

3. 坚持质量第一　必须做到准确细致，按先上后下、先内后外的顺序逐枝进行，切勿碰伤果苔。注意保障下部多的叶片以及周围的果实，正确安排留果位置，保证果实健康生长。

4. 按市场需求疏果　在疏花疏果中，考虑市场需求也是必不可少的环节。按照近几年来各个区域果品市场需求的不同，可对疏花疏果的力度进行合理调节，如果在疏花疏果时已确定销售去向，那么按其区域市场疏花疏果。例如实验用果，只保留实验处理用量，其余全部疏除。

（三）疏花疏果的方法

1. 人工疏除　人工疏除具有一定的可选择性，在了解成花规律和结果习性的基础上，为了尽可能地节约贮藏营养，应尽早进行疏花，可以结合修剪同时进行。当花芽形成过量时，着重疏除弱花枝、过密花枝，回缩过长的结果枝组。对中、长果枝剪去花芽，萌动后、开花前进行复剪，保留超过所需花量 20% 的花，以防不良气候影响授粉受精。

疏果一般在生理落果后进行，先疏除开花晚、畸形果和发育较小的果，根据树龄、枝势和结果枝强弱来进行定果，长果枝留 2～4 个果，中果枝留 1～3 个果，弱果枝和花束状果枝不留果，也可以根据距离进行留果，一般 15～20 厘米留 1 个果。

2. 化学疏花　化学疏花可以节约劳动力，减少生产成本。首先化学疏果的效果不但决定于药剂的浓度，而且与药液用量有关，浓度虽适宜，但药液用量太多时也可导致疏除过重；其次品种不同，化学疏果的效果也不同，树势过强或过弱都容易疏果过度；喷药后降雨也会降低药效，但湿度较大时萘乙酸易被吸收，药效较高；气温高时萘乙酸吸收量大，效果高；太阳直射会使萘乙酸分解，影响疏果效果。为了避免不必要的损失，在用化学试剂疏花疏果前，应先做小面积的试验，获得成功经验后才能大面积地使用。

（1）**硝基化合物** 二硝基邻甲苯及其盐类最常用，原理是灼伤花粉及柱头，从而阻止花粉萌发、花粉管伸长，使子房不能受精而脱落。一般在早花开放，并已基本受精后喷布，以疏除迟开的花朵。其使用时间较短，但不易掌握。

（2）**石硫合剂** 石硫合剂用作疏花的效用较缓慢，一般在落花后 1 个月有效果，因此，疏果应在落花 1 个月后进行。作用与硝基化合物近似，喷布时必须使柱头着药，药效稳定且较为安全，兼有防病虫作用。石硫合剂自制乳油：0.5～1.5 波美度＋45% 石硫合剂晶体 150～250 倍液，在盛花后 2～3 天连喷 2 次。

（3）**萘乙酸和萘乙酸胺** 在花期喷布该药剂会使花粉管伸长受阻，不能正常受精；在幼果期喷布则会干扰内源激素的代谢和运输，促生乙烯导致落果。易落花品种用萘乙酸胺较稳妥，浓度为 20～50 毫克／升，萘乙酸则需 10～20 毫克／升。

（4）**乙烯利** 促使离层细胞解体而导致落果，有效期短，一般浓度为 300～500 毫克／升，盛果期或落花后 10 天左右喷布即可。

（5）**西维因** 可以在树体内干扰幼果中维管束的疏导作用，迫使幼果缺乏营养而脱落，作用稳定而温和。花后 2～3 周喷布，注意喷布均匀，浓度为 750～2 000 毫克／升。

三、苹果提质增效技术

（一）果实品质的概念

果实品质主要指果实外观与内在质量。商品果实必须具有该品种的固有性状。因用途不同，对果实质量要求的重点有一定的差异，但果实的外观要艳丽，才能够吸引消费者。

1. 外观品质 指标通常包括果形、大小、果实颜色、单果重、整齐度、果仁色泽等。

（1）**果形及大小** 苹果的果形和大小与其他果品一样，是由环境和基因共同控制的。数量性状、大小和形状取决于果实细胞数量、细胞体积、细胞的形状及其间隙的大小。另外，花芽质量、贮藏营养、受精是否充分、花后气温的高低、土壤湿度等条件，都会影响幼果细胞分裂及果实细胞的数量，而肥水、光照、积温、营养生长状况、一株树上的结果量等，则影响果实细胞的体积。一般以果实大小适中，符合该品种应有的大小为宜。

（2）**色泽** 未成熟的果实，表皮细胞含叶绿体，呈现绿色。成熟时，叶绿素降解，绿色消失，表皮变为褐色，有些品种果皮纵裂，露出果核。色泽的形成主要由遗传因素决定，因品种而异。

（3）**硬度** 果实硬度形成的内因是由细胞间的结合力、细胞构成物质的机械强度和细胞膨压决定的。细胞间的结合力受果胶的影响。随着果实成熟，可溶性果胶增多，原果胶减少，果实细胞间失去结合力，果肉变软，果实硬度降低。细胞壁的构成物质中，果胶和纤维素含量与硬度关系很大，细胞壁中的木质素等多糖与细胞的机械强度有关。

2. 内在品质 内在品质主要指果实的风味，包括香气、糖酸比、可溶性固形物含量、营养成分等。

果实风味，包括甜、酸、涩、苦。甜味主要来自果实中的糖类，果实成熟后，淀粉迅速大量转化为蔗糖、葡萄糖、果糖等，使果实变甜。

芳香是各种果实成熟时所产生特有的气味和芳香，决定于所含有挥发性有机化合物的种类与数量，如脂类、醇类、酸类、酮类和醛类。其中许多是大多数水果类共有，如乙醇等，其含量非常低，通常只占果实总重量的百分之几。而果实风味主要取决于果实中所含芳香物质的种类和含量，随着果实成熟，挥发性芳香物质开始形成。果实香气物质的形成是以脂肪酸、氨基酸、碳水化合物等果实中基本物质为前体物质或底物，在果实生长和发育过中经过一系列酶的作用形成的。果实芳香物质形成的主要代谢途径有脂肪酸代谢途径、氨基酸代谢途径和碳水化合物代谢途径。

另外，果实生育期长短是该品种对有效积温要求的反映，只有基本满足果实对热量的要求，顺利完成其生育期，才能体现其最佳风味及品质。糖、氨基酸、维生素等的绝对含量，随果实生育期进展而增加有机酸、果胶等，随果实成熟而降解。因此，果实过早地采收，对果实品质十分不利，但过晚采收，也会影响果实的贮运能力。此外，果实生育期长短，也反映其对光合产物的积累和转化程度，故同一树种的早熟品种，品质常不如中、晚熟品种的好。

（二）影响苹果品质的因素

各个品种的果实质量性状是由遗传性决定的，但果实质量的绝大多数指标，都属于数量遗传，或者在果实发育过程中依次受多基因的控制。环境条件或栽培技术的差异，都可能会影响果实的品质。

1. 品种　由于同一品种内的个体间遗传性状相对稳定，果实性状相对一致，所以果实的大小、形状、色泽、风味、香气、营养成分及贮运性等都能对品种起决定作用。因此，栽培者在定植时，一定要根据不同的目的，选择不同的优良品种。如果以生食为目的，要选择果仁大、色泽好、香气浓和口感好的品种。以加工为目的，要选择具有含某物质量高、丰产性好的品种。如果选择作为苹果的砧木用，则嫁接要有良好的亲和性、有矮化作用、产量高的品种。以城市绿化为目的，要选择生长期长、花有香味，而且耐修剪的品种。

2. 肥料　果园有机质肥料投入不足，尿素等氮肥施用过量时会造成土壤有机质含量低，土壤保肥、保水能力差。树体内贮藏营养在果实和新梢生长发育阶段供应不足，表现为果个小、着色不良、风味差、硬度和贮藏性下降。

3. 树体状况

（1）**树体长势强旺，生长量大** 过量使用氮肥，加之整形修剪不合理，使得树体高度不够，骨干枝基角太小，背上枝直立、旺长，背下枝细长、下垂，枝条类型混乱，进入结果期晚，且不丰产。

（2）**树体结构不合理** 留枝量过多，枝条类型、比例失调，中短枝数量偏少，结果枝组偏大、不紧凑，有效叶面积少，光照不足，坐果率低，果实质量差。

（3）**花果管理失控** 留果量超载，栽植时不配授粉树，授粉受精质量差，树体负荷量过大，缺乏疏花疏果，使果实变小、外观及内在品质下降。

（4）**果实套袋** 套袋能显著改变果实的外观品质，但同时内在品质严重下降，且容易碰伤。

（5）**果实采收时期不合理** 一味地追求市场效益，过早或过晚采收导致果实品质下降。过早采收容易影响果实口感和质量，过迟采摘则会影响果实的硬度、货架期及以后树体的正常生长。

（6）**病虫危害严重** 果园管理不当则病害严重，主要有细菌性穿孔病、流胶病、褐腐病及蚜虫、红蜘蛛、二斑叶蝉等。

4. 环境因素 如果当地的环境条件不适宜苹果树的生长，就不要在此地栽培，以免劳民伤财，徒劳无功。环境条件包括：①气候因子。光能、温度、空气、水分、风、雹等。②土壤因子。土壤无机物和有机物的理化性能及土壤微生物等。③地形因子。地表起伏、地貌状况，如山岳、高原、平地、洼地等。④生物因子。动物、植物、病虫害、微生物等的影响。⑤人为因子。人对资源的利用、改造和破坏过程中的作用。在这些因子中，有的是直接影响苹果的生长发育，而有些则是间接地影响。

（三）苹果提质增效的措施

1. 选择优良的品种 选择优良品种是实现优质的前提，苹果树生命周期长，更须重视良种，尤其是果品的口感、色泽、营养与品种密切相关。如果品种本身的品质差，其他条件都适宜苹果生长发育的要求，也生产不出优质的果品，因此必须选择适合当地气候条件的优良品种进行种植。

2. 深耕改土，促进树体健壮 定植前深翻土壤，显著改变土壤的透气性，有利于根系的生长，如果栽植区土壤条件差，必要时可以客土移植。通过改良土壤可以使根系有很好的生存环境。改良土壤结构，多施有机肥（质），大抓"种草、覆草、埋草"工作、实施"沃土工程"，促进根系的发展，从而促进树体健壮，实现高产、稳产及优质果品生产。

3. 科学施肥 ①施肥以有机肥为主。秋施基肥能够改良土壤的结构，给苹果树生长提供各种所需的营养成分，可以提高果实含糖量和风味，促进果实着色，提高果实的产量。在有机肥的选择方面，可以选用家禽的一些粪便等，也可以施用作物焚烧过后的一些草木灰。②合理施用化肥。施用化肥主要是以钾肥为主，对于氮肥的施用应该适量，并搭配一些微肥。在苹果树整个生长过程中，氮元素不可或缺，但是氮肥的施用必须适量，过多的氮肥只会造成营养生长过剩、茎粗和叶片肥大等，叶片过多会阻碍光合作用，从而影响果实的口感。钾肥是整个生长期需要最多的元素，钾肥有助于植物对光合作用产物进行运输，从而在很大程度上提高果实的产量和质量。

4. 整形修剪 通过修剪，改善树体的通风受光环境，使果实着色期树冠内相对光照在20%～30%，提高果实品质。可以在果实摘袋后，清除树冠内徒长枝及骨干枝背上的直立旺梢等。

5. 疏花疏果，合理负载 在综合调整营养生长与生殖生长相对平衡的基础上，通过肥水管理、修剪以及授粉和疏花疏果，以保证提高平均单产的同时，防止结果过多。制订一个合理的产量标准，理论上可依据叶果比，实践上可根据干周或距离或果枝类型，限产定果。一般生长枝和结果枝比为3～4：1，也可以一个副梢留单果，两个副梢留双果，个别副梢留 3 果，无副梢不留果，空间大枝条留 1 个果。距离法，每枝约 20～25 厘米留 1 个果。这样既能保证树体健壮达到高产稳产，又能保证负载合理，使果实发育良好，个大质优。可以根据不同的生长年限、生长势和管理水平合理安排树体的结果量。盛果期的树产量应控制在 100～150 千克。

6. 铺设反光膜 铺反光膜的目的是使树冠下部接受不到阳光照射的果实受光，提高全红果率。一般在摘袋后 3～5 天内进行。每亩可铺设 350～400 米^2，铺设时及时清除膜上的树叶和尘土，保持膜面干净，提高反光效果。

7. 加强果园管理 苹果树常见的虫害有蚜虫、红蜘蛛和天牛等，常见的病害有腐烂病、轮纹病和斑点落叶病等。这就需要种植户根据各个时期各种病虫发生规律进行预测预报和重点防治。一是可以抓住苹果树冬季落叶后至萌芽期这段时间做好果园的清园工作，如刮除树干以及分枝上的老皮、翘皮，并将果园中的落叶、病果以及病虫枯枝等集中烧毁或者深埋，并喷洒浓度为 150 倍液的石硫合剂；二是在生长季节病虫害达到一定的指标以后，可以有针对性地选择高效低度的药物进行化学防治。

第六章

土肥水管理

苹果对土壤的适应性广，在山地、沙滩、黏土、壤土、沙土上，只要逐步改土，并选择适宜砧木，均可正常生长。苹果最适宜在中性偏酸的土壤中生长，其适应 pH 值为 5.3～8.2，但最适 pH 值为 6.4～6.8。在 pH 值为 7.5 以上的碱性土壤中，会发生缺铁黄叶现象。土壤含盐量对根系生长也有影响，在含盐量超过 0.2% 的情况下，新根生长就会受抑制；超过 0.3% 的情况下，根系就会受毒害，根的生长和机能活动受到限制，地上部开始出现各种元素的综合缺乏症，随后出现盐害、枯梢焦叶等。土壤较耐涝，当氧气的浓度达到 10% 以上时根系能生长正常，5% 左右时生长缓慢，2%～3% 时则停止生长。

温度是限制苹果栽培的主要因子，一般认为，年平均温度在 7.5～14℃ 的地区均可栽培苹果。春季气温 3℃ 以上时地上部开始活动，8℃ 左右开始生长，15℃ 以上生长最活跃。夏季温度超过 26℃ 以上则花芽分化不良。

苹果是喜光性树种，当日光强度达到 1 500 勒克斯时能达到光合作用的要求。光照不足会导致枝叶徒长，花芽分化不良，抗性差，根系生长不良。光线过强则会造成高温伤害，造成日灼现象。

一、土壤管理

目前，果园采用的土壤管理措施主要包括深翻熟化、穴贮肥水、地膜覆盖、果园覆盖和果园生草、果园起垄等。

（一）土壤深翻熟化

果园深翻能加深土壤耕作层，使土壤中水、肥、气、热等条件改善，为根系生长创造条件，使树体健壮、新梢长、叶色浓。

深翻一般在果实采收后至休眠前进行，可结合秋施基肥进行，深翻深度以40～60厘米为宜。深翻时将表土与心土分开放。回填时，杂草、秸秆与心土混合填在下层；表土与有机肥混匀，填在20～40厘米根系主要分布层，最上层填表土。深翻后紧接着灌透水沉实，使根与土密接。深翻时不要伤害直径1厘米以上的粗根，尽量保护根系完整，若遇根裸露时用细土覆盖，待深翻过后再将其舒展。分次深翻时，沟与沟（或穴与穴）之间不留隔墙，防止形成死沟积水。对地下水位高的地段，翻土深度不宜超过雨季地下水上限，防止渗入地下水。

（二）果园覆盖

1. 薄膜覆盖　覆膜能明显提高幼树栽植成活率，促进新梢生长，有利于树冠迅速扩大，还有促进果实成熟和抑制杂草生长的作用。树下覆膜能减少水分蒸发、提高土壤含水量；盆状覆膜具有良好的蓄水作用。覆膜能提高土壤温度、有利于早春根系生理活性的提高，促进微生物活动、加速有机质分解，增加土壤肥力。覆膜一般在春季（3～4）月份进行，覆膜前先浇一遍水，施入适量化肥，然后盖上地膜（以黑色效果最佳）。覆盖时可顺行覆盖或只在树盘下覆盖。

2. 果园覆草　果园覆草能够优化土壤环境、提高土壤肥力、抑制杂草生长、减少锄地用工、提高果品的产量和质量、减少部分越冬害虫出土危害等。果园覆草一年四季均可进行，以夏季（5月份）为好。通常麦秸、麦糠、杂草、树叶、作物秸秆和碎柴草均可用作果园覆草。果园覆草的数量，局部覆草每亩1 000～1 500千克，全园覆草每亩2 000～2 500千克。覆草前结合深翻或深锄浇水，株施氮肥0.2～0.5千克，以满足微生物分解有机物对氮肥的需要。覆草厚度为20厘米，覆草时覆盖物要经过雨季初步腐烂后再用。覆草后不少害虫栖息草中，应注意向草上喷药，起到集中诱杀效果。秋季应清理树下落叶和病枝，防止早期落叶病、潜叶蛾、炭疽病等的发生。

（三）果园生草

果园生草是一种较为先进的现代果园土壤管理方法，现在世界果品生产发达国家如美国、新西兰、日本、波兰等果园土壤管理大多采用生草模式，并取得了良好的生态及经济效益。我国于20世纪90年代开始将果园生草作为绿色果品生产技术体系在全国推广，成效显著。

果园生草的作用：①能改善果园土壤环境，降低土壤密度、增加土壤渗水性和持水能力、减缓土壤水分蒸发，改良土壤、提高土壤肥力等。②促进果园生态平衡，使昆虫种类的多样性、富集性及自控作用得到提高，在一定程度上也增加了果园生态系统对农药的耐受性，扩大了生态容量，优势天敌如瓢虫、草蛉、食蚜蝇及肉食性螨类等数量明显增加，天敌发生量大，种群稳定，果园土壤及果园空间富含寄生菌，制约着害虫的蔓延，形成果园相对较为持久稳定的生态系统，有利于果树病虫害的综合治理。③优化果园小气候。生草后土壤温度日夜变化和季节变化幅度减小，有利于果树根系的生长和对养分的吸收；雨季来临时，草能够吸收和蒸发水分，缩减果树淹水时间，增加土壤排涝能力；高温干旱季节，生草区地表被遮盖，可显著降低土壤温度，减少地表水分蒸发，对土壤水分调节起到缓冲作用，防止或减少水土流失，有利于果树生长发育。

生草方式有人工种草和自然生草两种。人工种草是在果树行间种植长矛野豌豆、鼠茅草、黑麦草、苜蓿等；自然生草是在果树行间保留自然生的 1～2 年生杂草，清除多年生杂草、恶草及根系很深的草等，注意果树树干周围 60 厘米的杂草要除掉。自然生草适宜我国大面积推广，是果园省力化管理的措施之一。

果园生草后，要及时控制草的长势，当草生长超过 20 厘米时，适时进行刈割，刈割下来的草就地撒开或覆在树盘内。割草后，每亩撒施氮肥 5 千克，补充土壤表面含氮量，为微生物提供分解覆草所需的氮元素。微生物分解有机物变成腐殖质，腐殖质能改变土壤环境，养根壮树。雨后或园内含水量大时应避免园内踩踏，踩踏后容易造成果园土壤板结、通透性差。

（四）穴储肥水地膜覆盖

穴储肥水地膜覆盖技术简单易行，投资小、见效大。此法具有节肥、节水的特点，一般可节肥 30%、节水 70%～90%，在土层较薄、无水浇条件的山丘地应用效果尤为显著，是干旱果园重要的抗旱、保水技术。具体技术如下：3 月上中旬整好树盘后，将作物秸秆或杂草捆成直径 15～25 厘米、长 30～35 厘米的草把，放在水中或 5%～10% 的尿液中浸透。在树冠投影边缘向内 50 厘米处挖深 40 厘米、直径比草把稍大的储养穴，依树冠大小确定储养穴数量：冠径 3.5～4 米，挖 4 个穴；冠径 6 米，挖 6～8 个穴。将草把立于穴中央，周围用混加有机肥的土填埋踩实（每穴 5 千克土杂肥，混加 150 克过磷酸钙、50～100 克尿素或复合肥），并适量浇水，然后整理树盘，使营养穴低于地面 1～2 厘米，形成盘子状，浇水 3～5 千克/穴即可覆膜。在地膜中央正对草把上端穿一小孔，用石块或土堵住，以便将来追肥浇水。一般在花后（5 月上中旬）、新梢停止生长期（6月中旬）和采收前后3个时期，每穴追肥50～100克尿素或复合肥，将肥料放于草把顶端，随即浇水3.5升左右；进入雨季即可将地膜撤除，使穴内贮藏雨水。一般储养穴可维持2～3年，草把应每年换1次，发现地膜损坏后应及时更换，再次设置储养穴时应改换位置，逐渐实现全园改良。

（五）果园起垄

起垄栽培已经成为一种重要的栽培方式，垄在地面以上，减少了土壤的板结，增加了土壤的通透性，同时还可以减少涝害的发生，利于根系的生长发育。主要技术如下：建果园时，沿行线开宽、深各60厘米的沟，将有机肥、化肥及挖出的土壤混合均匀后填回沟内，并培成高30厘米左右、宽60厘米以上的垄，将幼苗定植在垄间。对于已栽果园，可以在行间挖排水沟，挖出的土可铺在树冠下，逐年调整成起垄栽培的模式。

二、科学施肥

土壤中矿物质养分是苹果生长发育不可缺少的营养来源。肥料可以有效地提供给植物营养，合理施肥还可以改善土壤的理化性状及促进土壤团粒结构的形成。合理施肥要因地制宜、综合考虑，才能实现施肥的科学化。

（一）苹果树需肥特点

苹果树的正常生长发育需要有机营养和无机营养。有机营养的来源主要是地上部绿色部分通过光合作用制造的光合产物，光合产物主要是碳水化合物、蛋白质和脂类物质。碳水化合物是呼吸代谢的重要底物和生命活动的能量来源，也是转化成有机氮化物、脂肪等其他营养物质的原料，在树体代谢过程中起着重要的作用。矿质元素主要是通过根系从地下吸收，主要有氮、磷、钾、镁、钙、硫等大量元素，也有铁、硼、锌、铜、锰等微量元素。矿质元素在苹果树体中的含量很少，占不到干物质量的1%，作用却非常大。每种元素都有固定的生理功能、不能相互代替，树体缺少矿质元素就会产生生理障碍，发生各种生理病害。

氮、磷、钾是对树体营养状况影响较大的矿质元素，了解其吸收规律及特点尤为重要。苹果树发育过程中，前期是以吸收氮素为主，中期和后期以吸收钾素为主，磷的吸收全年比较平稳。

1. 氮素的吸收 春季随着树体生长的开始，氮的吸收数量迅速增加，在6月中旬达到高峰，此后吸收量迅速下降，直至果实采收前后又有回升。

2. 磷的吸收 在年生长初期，也是随着生长的加强而增加，并迅速达到吸收盛期，此后一直保持在盛期的吸收水平，到生长后期也无明显的变化。

3. 钾的吸收 在苹果的生长前期急剧增加，至果实迅速膨大的8月，达到吸收高峰，此后吸收量急剧下降，直到生长季结束。

（二）施肥种类及时期

1. 基肥 基肥是一年中较长时期供应养分的基本肥料，通常以施迟效的有机肥料为主，如厩肥、土粪、绿肥、秸秆等，并适量加入过磷酸钙和氮肥以提高肥效。基肥施用后可以增加土壤有机质、改良土壤和提高土壤肥力。肥料经过逐步分解可供苹果较长期地吸收利用。磷、钾肥的施用时期以9～10月份施用效果为好，因为这时苹果根系处于第二次生长高峰期，根的吸收能力强。秋施基肥能有充足的时间使肥料腐熟，可供树体在休眠前吸收利用。秋施基肥翻动土壤时会使部分根系切断，相当于对根系修剪，从而促进了根系的生长，增加了树体的营养储备，有利于花芽充实，增强其抗寒越冬能力，而且对翌年的开花、坐果也有良好作用，所以秋施基肥比落叶后和春季施肥效果要好。

2. 追肥　追肥又叫补肥，即在施基肥的基础上，根据树体各个物候期的需肥特点补给肥料，以满足当年坐果、新梢生长及提高果实产量与品质的需要，并为翌年的丰产打下基础。追肥的时期、次数、种类和施肥量，应根据不同的砧木、树龄、生育状况、栽培管理方式及环境条件而定，一般应着重于在生长前期追肥。幼树、结果少的树在基肥充足的情况下，追肥的数量和次数可适当减少；保肥、保水性差的沙土地追肥次数宜多，秋施基肥的施肥量比较多时，可以减少追肥的次数和数量。施肥必须适时，切不可施肥过晚，否则将会造成发芽推迟、生理落果增多、成熟期推迟等不良影响，生产中应注意这一点。

（1）**萌芽期**　根系春季开始活动的时间比较早，所以萌芽前的追肥宜早不宜晚，一般在发芽前1个月左右即应追肥。追肥以速效性氮肥为主，适当配合磷肥，以补充上一年树体贮藏营养的不足，促使萌芽整齐，提高开花、结果能力。

（2）**花前肥**　发芽、开花过程将消耗大量贮藏营养，开花以后又是幼果和新梢迅速生长期，这时需肥量较多，应施追肥。于3月中旬至4月上旬在春季开花前追施适量速效性肥料，如尿素、硫酸铵、硝酸铵等，以促进开花坐果和新枝生长。

（3）**稳果肥**　开花后不但幼果迅速膨大，而且新梢迅速生长，可于5月份花芽生理分化期和6月份花芽形态分化期施入。这一时期是苹果营养需求的关键时期，稳果肥应占全年施肥量的15%～20%。除氮肥外，还应特别注意追施磷、钾肥。

（4）**壮果肥**　于6月份至7月中旬施用，以施速效性肥料为主，其目的是促进果实迅速膨大、提高果实品质、促进花芽分化、保护叶片，以利于制造和积累营养，为翌年的生长和结果奠定基础。

（三）施肥方法

施肥方法可分为两类：一类是土壤施肥，根系直接从土壤中

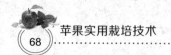
吸收施入的肥料；另一类是根外追肥，有叶面喷施、枝干注射等多种。

1. 土壤施肥　众所周知，施肥效果与施肥方法有密切关系。土壤施肥应尽可能把肥料施在根系集中分布的 20 厘米土层中，以便根系吸收，减少肥料损失。一般基肥应施在根系集中分布层稍深、稍远的土层内，以诱导根系向深度和广度范围扩展。

（1）**全园施肥**　适于成年果园和密植园的施肥，即将肥料均匀撒在地上，然后再深翻入土中，深度约 20 厘米，一般结合秋耕或春耕进行。

（2）**环状沟施**　可以在树冠外围挖一环状沟，沟宽 40～50 厘米、深 50～60 厘米。挖好后将肥料与土按 1∶3 比例混合均匀施入，表层覆土。此法操作简便，用肥经济，但施用范围小，主要适用于幼树或挖坑栽植的密植幼树。

（3）**条状沟施肥**　在树冠外缘行间或株间挖宽 50～60 厘米、深 40～60 厘米、长度以树冠大小而定的施肥沟，将圈肥等有机肥和表层熟土混合施入沟内，再把心土覆于沟上及树盘内。翌年施肥可换施另外两侧，如此逐年向外扩大，直至遍布全园。

（4）**放射沟施肥**　从树冠下距树体 1 米左右的地方开始，以树干为中心向外呈放射状挖沟 3～4 条，深 20～50 厘米、宽 40～60 厘米，沟长超过树冠外围。沟从内向外由浅渐深挖，以减少伤根，每年挖沟时应变换位置。此方法伤根较少，而且施肥面积较大，适于盛果期的果园。

（5）**穴贮肥水施肥**　在树干四周沿树冠外缘挖穴，使其均匀分布。穴的数量根据树冠大小及土壤条件决定，结果树一般 4～6 个，直径约 30 厘米、深约 50 厘米，穴内埋草把，草把粗 20 厘米左右，长度比穴深短 3～5 厘米。穴内埋草时，在草把周围土中混入三元复合肥及其他微肥，埋实后整平地面，穴顶留一小孔，将人粪尿或液体肥水注入穴内，覆地膜保墒，边缘用土压实。此方法适用于秋季降水量小、干旱少雨的果园或肥水不足的果园。此穴可长期利用，在生长发育需肥水量大的时期可随时注入肥水，既省工又节约肥水，经济效益高。施肥量应根据树龄、肥料种类、施肥时期和土壤性质来决定。在选择施肥方法的同时还要根据具体情况确定施肥的部位和深度。

施肥应尽量施在根系附近，以利于根系吸收。由于幼龄树果园根系分布范围小，宜采用局部施肥。盛果期果园根系已布满全园，在施肥量多的情况下可以全园施肥。若施肥量少或有间作物，则可采用局部施肥的方法。为了使各部位的根都能得到肥料供应，促使根系发展，要注意变化施肥的位置，并将不同的土壤施肥方法交替使用。施肥的深度要从多方面考虑，要根据大量须根的分布深度来确定。若根系的水平分布较远，则施肥要浅些，不易移动的磷、钾肥应深施，而容易移动的氮肥应浅施，有机肥应深施，保肥力强的壤土可深施。

2. 根外追肥 除土壤施肥外，还可将一定量的肥料溶解于水中直接喷到叶上，也可用树干注射法追施，这种施肥方法称为根外追肥（根外追肥又称叶面喷肥）。根外追肥的优点是见效快、针对性强、节省肥科，在某些情况下能解决土壤施肥不能解决的问题等。在使叶片迅速地吸收各种养分、保果壮果、调节树势、改善果实品质、矫治缺素症状、提高树体越冬抗寒性等方面具有很大的优势。根外追肥虽有许多优点，但因量少且维持时间不长，一般20天后作用就会消失。因此，根外追肥仅作为土壤施肥的补充，大部分的肥料还是要通过根部施肥来供应。进行叶面喷肥时应事先做好适宜的浓度实验，避免肥料浓度过高对叶片造成肥害。

（四）施肥量

1. 基肥 优质丰产的果园，土壤有机质含量一般在1%以上，有的达到3%～5%，但我国大多数苹果园有机质在1%以下，需要增加基肥施用量，提高土壤肥力。

基肥的施用量：应占全年总施肥量的 60% 左右。有机肥的数量一般根据产量采取"斤果斤肥"的原则，生物有机肥、豆饼、鱼腥肥等施用量可以减少一半。初结果树 20～50 千克，成年大树 60～100 千克。有机肥与过磷酸钙或三元复合肥作基肥效果好。如果考虑到改良土壤、培肥地力、提高土壤微生物活性等，那么基肥施用不仅要保证数量，还要保证质量。施用优质基肥，如鸡粪、羊粪、绿肥、圈肥、厩肥等较好。

2. 追肥 为满足苹果树对氮元素的需求，应结合苹果生长物候期和土壤肥力状况进行追肥，追肥次数和时期与气候、土质、树龄等有关。一般在花前、花后、幼果发育期、花芽分化期、果实生长后期追肥。按实际需要追肥，生长前期以氮肥为主，后期以磷、钾肥为主，配合施用，每株施有机肥 12～20 千克、硫酸铵 0.24 千克、过磷酸钙 0.7 千克、钾肥 0.7 千克，可基本满足肥料需求。幼树追肥次数宜少，随树龄增长和结果增多，追肥次数要逐渐增多，以调节生长和结果对营养竞争的矛盾。生产上成龄果园一般每年追肥 2～4 次。硅、钙、钾、镁肥施用量根据土壤酸化和元素缺乏程度每亩施用 50～100 千克，也可按每株 1～3 千克补充钙肥、镁肥和硅肥等单质肥料。

有机肥与化肥的配合施用：有机肥既能提高土壤肥力，又能供应苹果生长所需的营养元素，因此，对提高苹果产量和品质有明显作用。试验证明，有机肥与化肥配合施用比单施化肥（在有效成分相同时）平均增产 34.6%，大小年结果的产量差幅也显著降低。建立一种以有机肥为主、化肥为辅的有机肥与化肥相配合的施肥模式是现代果园所必需的。

三、合理灌水

水是果树各个器官的重要组成成分，又是合成有机物质的主要原料，还是物质代谢和转化的参与者。水对调节树体温度、土壤空气、营养供应等都有重要作用。亩产量 2 500 千克的苹果园，每年需水量相当于 625 毫米的降水量，若加上蒸发及径流消耗则需要更多。苹果果实内含水分 80%～90%，果实含水分的绝对量随果实增大而直线上升，特别在果实膨大期，水分含量增加更快，若此期缺水，则影响果实增大，果个变小。此外，果树通过叶片的蒸腾拉力吸收地下的矿物质，矿物质再经过叶片的同化作用，满足果树生长发育的需要。

（一）苹果需水关键时期

苹果年周期水分管理应本着"前灌后控"的原则，在苹果生长发育的几个需水量大的时期保证水分的供应。以下是苹果生长发育需水量比较大的几个关键时期。

1. 萌芽前灌水 此期灌一次透水，可保持较高的土壤湿度，对启动树体生长有利，利于果树开花、坐果和新梢生长。

2. 新梢生长和幼果膨大期灌水 该时期一般在苹果开花后 20 天左右，是苹果的水分临界期，缺水会导致生理落果，并影响果实的膨大。

3. 果实膨大期灌水 果实膨大期若遇干旱应及时灌水，以促进果实生长，满足果实膨大对水的需要，可提高产量，同时促进短枝花芽分化。但要注意在果实成熟前灌水不宜过多，否则会降低果实品质。

4. 秋施基肥后灌水 灌水应灌满肥坑，使肥分随水分向周围扩散，以利根系吸收。

5. 封冻灌水 在土壤封冻前灌一次透水，使苹果安全越冬，避免发生冻害。

（二）灌水方法

目前，我国果园里所采用的灌溉方式主要是地面灌溉，就是将水引入果园地表，借助于重力作用湿润土壤的一种方式。地表灌溉通常在果树行间做灌水沟，形成小区，水在地表漫流。从果树行间的一端流向另一端，故两端灌水量分布不均，在每一小区灌溉结束时，入水一端的灌水量往往过多，易造成水的深层渗漏，水的浪费问题严重。

1. 地表灌溉　漫灌条件下，水的浪费主要取决于小区的长度和灌溉水面的宽度。灌溉小区越长，小区两端的土壤受水量的差异就越大；水的深层渗漏量越大，水的浪费就越严重。小区的灌溉面宽，一方面土壤表面的蒸发量大；另一方面在灌溉后的一段时间里，树体处于徒长阶段的时间延长，从而水的浪费量也越大。因此，通过缩短灌溉小区的长度可以减少水的深层渗漏的损失。此外，只要一部分树体根系（树体总根系量的 1/10～1/5）处于良好的水分条件下，就可以保证果树的正常生长发育和结果。减小灌溉小区的宽度，也是在采用漫灌时节水的主要途径。

为了节水，可以在每棵树盘下做 1 个小畦，使用软水管进行灌溉；也可按树冠的大小挖 3～4 个 30～40 厘米的穴，穴深 40～50 厘米，穴内添杂草，使用软管将水灌入穴内；在果树行间树冠下开 1～2 条深 20～25 厘米的沟，沟与水渠相连，将水引入沟内进行灌溉。

2. 喷灌　喷灌又称人工降雨，它是模拟自然降雨状态，利用机械和动力设备将水射到空中，形成细小水滴来灌溉果园的技术。喷灌对土壤结构破坏性较小，与漫灌相比，能避免地面径流和水分的深层渗漏，可节约用水。喷灌技术能适应地形复杂的地面，水在果园内分布均匀，并可防止因漫灌尤其是全园漫灌造成的病害传播，并且容易实行灌溉自动化。

喷灌通常可分为树冠上和树冠下 2 种方式。树冠上灌溉，喷头设在树冠之上，喷头的射程较远，一般采用中射程或远射程喷头，并采用固定式的灌溉系统，包括竖管在内的所有灌溉设施，在建园时一次建设好。树冠下灌溉，一般采用半固定式的灌溉系统，喷头设在树冠之下，喷头的射程相对较近，常使用近射程喷头，水泵、动力和干管是固定的，但支管、竖管和喷头可以移动。树冠下灌溉也可采用移动式的灌溉系统，除水源外，水泵、动力和管道均是可移动的。

3. 定位灌溉 定位灌溉是指只对一部分土壤进行定位灌溉的技术。一般来说，定位灌溉包括滴灌和微量喷灌（简称微喷）2类技术。滴灌是通过管道系统把水输送到每一棵果树树冠下，由一至几个滴头（取决于果树栽植密度及树体的大小），将水一滴一滴地均匀且缓慢地渗入土中（一般每个滴头的灌溉量每小时为2～8升）。而微量喷灌灌溉原理与喷灌类似，但喷头小且设置在树冠之下，雾化程度高，喷洒的距离小（一般直径在1米左右），每一喷头的出水量很少（通常为每小时30～60升）。定位灌溉只对部分土壤进行灌溉，较普通的喷灌有节水作用，能使一定体积的土壤维持在较高的湿度水平上，有利于根系对水分的吸收。此外，此法还具有所需水压低和进行加肥灌溉容易等优点。

4. 地下灌溉（渗灌） 地下灌溉是指利用埋设在地下的透水管道，将灌溉水输送到地下果树的根系分布层，借助毛细管作用湿润土壤，达到灌溉目的的一种灌溉方式。地下灌溉是将灌溉水直接送到土壤里，不存在或很少有地表径流和地表蒸发等造成的水分损失，是节水能力很强的一种灌溉方式。

地下灌溉系统的设计由水源、输水管道和渗水管道3部分组成。水源和输水管道与地面灌溉系统相同，渗水管道相当于灌溉系统中的毛支管，区别仅在于前者在地表，而后者在地下。现代化地下灌溉的渗水管道常使用钻有小孔的塑料管，在通常情况下也可以使用黏土烧管、瓦管、瓦片、竹管或卵砾石代替。

地下渗水管道的铺设深度一般为40～60厘米，主要考虑两个因素，一是地下渗水管道的抗压能力。也就是说，地上的机械作业不会损坏管道。二是减少渗透，果树主要的根系通常分布在深20～80厘米的土层内，管道埋得较深，可以避免损坏，但会加大灌流水向深层土壤的渗透损失。

（三）排水方法

首先，根吸收养分和水分或进行生长所必需的动力源，都是依靠呼吸作用进行的，当果园排水不良、土壤中水分过多缺乏空气时，果树根的呼吸作用会受到抑制，迫使根进行无氧呼吸，从而积累乙醇造成蛋白质凝固，引起根系生长衰弱以至死亡。其次，土壤通气不良会妨碍微生物，特别是好氧细菌的活动，从而降低土壤肥力。再次，在黏土中，大量施用硫酸铵等化肥或未腐熟的有机肥后，若遇土壤排水不良，这些肥料将进行无氧分解，使土壤中产生一氧化碳或甲烷、硫化氢等还原性物质，这些物质严重地影响植株地下部和地上部的生长发育。

1. 排水时间　在果园中发生下列情况时，应进行排水：①多雨季节或一次降雨过大造成果园积水成涝，应挖明沟排水。②在河滩地或低洼地建果园，雨季时地下水位高于果树根系分布层，则必须设法排水。可在果园开挖深沟，把水引向园外，在此情况下，排水沟应低于地下水位，以便降低地下水位，避免根系受害。③土壤黏重、渗水性差或在根系分布区下有不透水层时，由于黏土土壤孔隙小，透水性差，易积涝成害，必须搞好排水设施。④盐碱地果园下层土壤含盐高，会随水的上升而到达表层，若经常积水且果园地表水分不断蒸发，下层水上升补充，则会造成土壤次生盐渍化。因此，必须利用灌水淋洗，使含盐水向下层渗漏，汇集后排出园外。

2. 排水系统　一般平地果园的排水系统，分明沟排水与暗沟排水2种。①明沟排水是在地面挖沟渠，广泛地应用于地面和地下排水。地面浅排水沟通常用来排除地面的灌溉储水和雨水，这种排水沟排地下水的作用很小，多单纯作为退水沟或排雨水的沟；深层地下排水沟多用于排地下水并当作地面和地下排水系统的集水沟。②暗沟排水多用于汇集和排出地下水。在特殊情况下，也可用暗管排泄雨水或过多的地面灌溉储水。当需要汇集地下水以外的外来水时，必须采用直径较大的管子，以便排泄增加的流量并防止泥沙堵塞，当汇集地表水时，管子大小应按管径流进行设计。

山地黏土果园，梯田面宽时，雨季应在内沿挖较深（1米左右）的截流沟，将积水从两端排到沟谷中，以防内涝；砂石山地梯田内沿为蓄水挖出的竹节沟，在雨量过大时，应将其扒开，以利过多的水分及时排出。平原黏土或土质较黏的果园应认真开挖排水沟，排水沟间距及深度以雨季积水程度而定，积水重而土质黏重的果园应每2～3行树（8～12米）挖1条沟，积水较轻或土质较黏的可每4～6行树（约16～24米）挖1条沟。行间排水沟应与园外排水渠连通。排水沟深度应保证沟内雨季最高水面比果园根系集中分布层的下限再低40厘米。河滩沙地果园，若雨季地下水位高于80～100厘米时，也应挖行间排水沟，一般每4～6行树挖1条沟。

目前，国外农田和果园排水多用明沟除涝，暗管排除土壤过多水分并调节区域地下水位。

（四）节水保水措施

因为我国北方大部分地区干旱、半干旱，所以为了实现丰产、优质，必须进行适时、合理的灌溉，合理灌溉也是苹果高效栽培技术之一。要解决灌水问题，就需要一定的资金、人力、设施和机具，并要消耗相应的能源。在具备灌水条件的果园，如果灌溉方法不合理，在灌后又不采取相应的保水措施，会造成不必要的人力、物力、能源和水资源的浪费，并加大生产成本和投入。

节水主要是通过采取灌水方式的改进和灌水后的有效保水措施，来提高灌溉水利用率，达到在灌溉中节约用水的目的。在苹果园引进先进的灌水技术，可节约大量水资源。采用喷灌方式比传统的地面漫灌方式可节水75%～80%；用滴灌方式比地面漫灌节水 80%～92% 及以上。在采用先进灌溉方式的同时，结合地面覆盖等保水措施，可大大提高水的利用率，从而减少灌溉次数和用水量。常见的节水、保水措施主要有以下几个方面。

1. 深翻松土 一般在秋后结合施基肥、清理果园进行苹果园深翻。深翻可以改善土壤结构，保持秋、冬季的雨雪储量。松土保墒是指每次灌水或降雨后，采用人力或机械，及时进行松土保墒。作用一是结合中耕松土，清除杂草，减少与苹果树体争水、争肥的矛盾；二是可以防止土壤板结，减少地面水分蒸发，从而达到保水的目的。

2. 改良土壤 改良土壤主要是调节土壤结构组成。不同的土壤所含泥沙比例不同，其田间持水量也不同，黏土粒具有较大的吸收面和吸附性，所以黏性土保水、保肥能力高于沙性土。沙土园应尽量改变土壤结构，提高果园的保水、保肥能力。

此外，无论对何种类型土壤增施有机肥料，都会明显地提高土壤保水、保肥能力。施入的有机肥可矿化分解为腐殖质。腐殖质是一种有机胶体，具有很好地吸收和保持水分、养分的性能，可吸收自身体积 5～6 倍的水分，比吸水性强的黏土粒还要高 10 倍。

3. 覆盖 覆盖保墒可通过早春覆盖地膜、作物秸秆或绿肥，从而减少土壤水分蒸发，达到保水的目的。我国北方春季少雨、干旱、多风，土壤水分蒸发较快，会造成严重缺水，导致果树抽条现象。采用地膜覆盖，不仅可以减少土壤水分蒸发，提高土壤含水量，而且还可提高地温，促进根系吸收水分。在果园的行间或全园覆盖一定厚度的秸秆，具有良好的保水、增肥和降温作用。此法可就地取材，简便易行，无论平地或山地均适用，对无灌溉条件的山地，此法可缓解需水和供水的矛盾。

在果园行间间作各种适宜绿肥作物，对于充分利用土地、水分和光能、培肥改土、增加有机质肥源及节水保水等方面均有良好效果，且投资少、简便易行。利用空闲地来间作用于覆盖的绿肥作物，使土壤水分由地表蒸发改为植物蒸腾，减少了水分损失。将绿肥作物刈割覆盖在树下，又能起到覆盖保墒和增肥作用。

4. 施用保水剂　保水剂是一种高分子树脂化工产品，外观像盐粒，无毒，无味，是白色或微黄色的中性小颗粒。遇水后能在极短时间内吸足水分，其颗粒吸水可膨胀350～800倍，吸水后形成胶体，即使施加压力也不会把水挤出来。它在土壤中就像一个贮水的调节器，降雨时贮藏雨水，并牢固地保持在土壤中，干旱时释放出水分，持续不断地供给根系吸收。同时，因释放出水分，本身不断收缩，逐渐腾出了它所占据的空间，又有利于增加土壤中的空气含量。这样就能避免由于灌溉或雨水过多而造成土壤氧气不良。它不仅能吸收雨水和灌溉水，还能从大气中吸收水分，在土壤中反复吸水，可在土壤中连续使用3～5年。

5. 贮水窖　在干旱少雨的北方地区，雨量分布不均匀，大多集中在7～9月份，且雨后易造成大量的水分流失，所以贮水显得十分重要。贮水有两种方式：一是在树冠处沿，挖3～4个深度为60～80厘米、直径为30～40厘米的坑，在坑内放置作物秸秆，封口时坑口要低于地面，有利于雨水的集中；二是在园地地势比较低、雨后易积水的地块，往下挖一个贮水窖。贮水窖大小要根据果园降雨量而定。贮水窖挖好后，将窖的底部和四壁用砖砌起来，再用水泥粉刷一遍，防止水分渗漏；盖住窖口以减少水分蒸发，下雨时打开进水口，让雨水流入窖内，雨后把口盖住。

以上的节水、保水措施，各个园地要根据本地具体情况，因地制宜，综合使用。

第七章
整形与枝梢管理

苹果树寿命长，一生中可多次结果，一年可以多次生长。通过整形修剪可以培养合理的树体结构，改善光照条件；协调树体各器官的平衡关系，调整和解决生长与结果的矛盾，改善养分的生产、分配、积累和消耗状况，维持健壮的树势和经济利用空间，实现优质高产。

一、主要树形与整形方法

（一）主干疏层形

1. 树体特点　干高70～80厘米，在主干上分层次地排列5个主枝，与主干夹角70°～80°，在主干上分3个层次，下部侧枝略长，上部侧枝略短。树冠成形后，树高4～5米，冠径4米左右，整形完成后，树冠近圆形（图7-1）。主干疏层形适合乔化树树形使用，植株行距4米×6米。

2. 整形要点

（1）**栽植后第一年**　栽植后主要进行定干与刻芽。栽植苗木后，在距离地面80～100厘米饱满芽处剪截定干。至萌芽前，在定干处以下20～30厘米整形带内选择朝不同方向、均匀排列的芽，在其上0.5厘米处刻伤至木质部，促其萌发培养主枝。苗

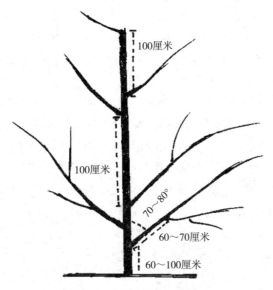

100厘米

100厘米

70~80°

60~70厘米

60~100厘米

图7-1　主干疏层形树体特点

干上多数芽萌发后，及时抹除地面以上苗干60厘米内的萌芽，促进上部芽萌发。初夏新梢旺长期选取位置适宜、直立的健壮新梢作为主干延长头，对其竞争枝扭梢，同时选择分布均匀、角度长势适中的新梢作为主枝培养。秋季开始对预留的主枝新梢拉枝培养，开张角度大于60°，结合拉枝同时调整方向。冬季主干延长枝90~100厘米高处留外侧芽修剪，主枝剪留约50厘米。主枝不足5~7个或主干延长枝过弱时，主干延长枝留30~50厘米短截，促进延长枝生长并促发新枝。

（2）栽植后第二年　春季萌芽前，在主枝两侧选取位置合适的侧芽刻芽，促生侧枝。萌芽后及时抹除主干距地面60厘米内萌芽、主枝基部20厘米萌芽、主枝背上萌芽等。5月下旬至6月份采取扭梢、摘心、疏枝的方法处理主枝上竞争性枝条。秋季继续拉枝，主枝拉枝与第一年相同，树冠下部第一层的三主枝之间角度调整至120°。弱树不拉枝，继续长放。冬季修剪时，下部第一层主枝上选留 2 个侧枝，侧枝方向背斜，第一侧枝距主干 30～40 厘米，第二侧枝距离第一侧枝 10～20 厘米。一、二层主枝间距 60～80 厘米，二者之间可配备 2～3 个枝组或辅养枝。主干和主枝延长头剪留 50 厘米左右。

（3）栽植后第三、第四年　栽植后第三年冬季修剪时，主干、主枝、侧枝延长头分别剪留约 60 厘米、50 厘米、40 厘米。各辅养枝采取轻剪、长放、拉枝开角等措施，促进花芽形成。栽植后第四年冬剪时，对第一层主枝延长头不处理，采取先放后缩的方法培养第二、第三层主枝及结果枝组。主枝背上枝过密时疏枝，较少时采取扭梢、拉枝等措施培养单轴枝组。

主干疏层形树体成龄后，即结果 10～15 年后，为改善通风透光可以逐步改造为开心形树形（图 7-2）。

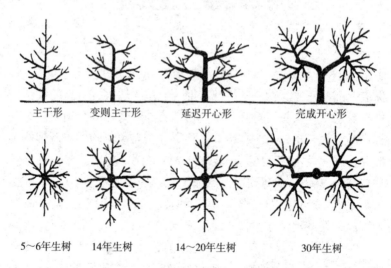

| 主干形 | 变则主干形 | 延迟开心形 | 完成开心形 |

| 5～6年生树 | 14年生树 | 14～20年生树 | 30年生树 |

图 7-2　主干形改成开心形的整形过程

（二）高细纺锤形

1. 树体特点　干高 80～90 厘米，主枝拉枝角度 110°～

120°，树高 ≤ 3.5 米，主干着生 30 个左右分枝，结果枝直接着生在分枝上，分枝与中心干粗度比 ≤ 0.3。平均冠幅 2 米。成龄树每株冬剪留枝量 800 条左右，长、中、短枝比例 1.5 : 1.5 : 7（图 7-3）。适合密度为每亩 100～180 株的果园。

2. 整形要点

（1）**定植与定干**　若选用 3 年生大苗，定植时尽可能少修剪、不定干，仅去除直径超过主干干径 1/4 的大侧枝，但缺枝位置要刻芽促枝（图 7-4）。若用 2 年生的苗木，则在饱满芽处定干（当年冬剪时对长度超过 30 厘米以上侧枝留桩疏除）。萌芽后严格控制侧枝生长势，一般侧枝长度达到 25～30

图 7-3　高细纺锤形

厘米时拉开基角，角度 90°～110°，生长势旺和近中心干上部的角度大些，着生在中心干下部或长势偏弱的枝条角度小些。春、夏季腰角和梢角任其不管，秋季再拉大腰角和梢角，确保中心干健壮生长，树高应达到 2～2.5 米。

（2）**第二年修剪**　第二年春，在中心干分枝不足处进行刻芽或涂抹药剂促发分枝，留桩疏除第一年控制不当形成的过粗分枝（粗度大于同部位干径 1/4 的分枝）。在展叶初期，对保留枝条过长、超过 80 厘米者，从离主干 7～8 厘米起，每隔 20 厘米进行多道环切，并摘除顶芽和从基部对枝条狠狠地转一下。生长季整形修剪同第一年，不留果，使树高达到 2.8～3.3 米。

（3）**第三年及以后修剪**　第三年修剪基本与第二年相同，严格控制中心干近枝头（上部 50 厘米）留果，尤其是对于部分腋花芽，可以疏花并利用果苔枝培养优良分枝。依据有效产量决定下部分枝是否留果。一般产量低于 300 千克 / 亩时建议不留果。

第四年开始，树高达到 3 米以上，分枝 30～50 个，整形

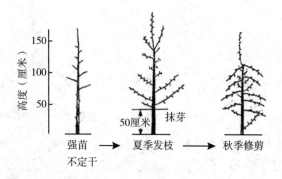

强苗 → 夏季发枝 → 秋季修剪
不定干

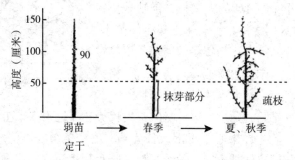

弱苗 → 春季 → 夏、秋季
定干

第一年修剪

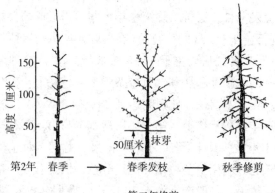

第2年 春季 → 春季发枝 → 秋季修剪

第二年修剪

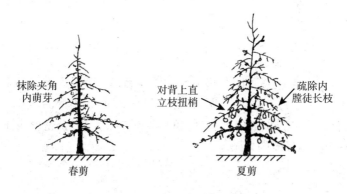

抹除夹角
内萌芽

对背上直
立枝扭梢

疏除内
膛徒长枝

春剪　　　　　　　　　夏剪

第三年修剪

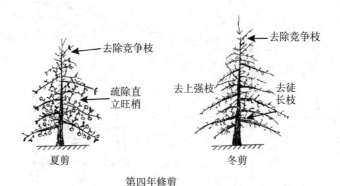

去除竞争枝

疏除直
立旺梢

去除竞争枝

去上强枝　　　　　去徒
长枝

夏剪　　　　　　　　　冬剪

第四年修剪

图 7-4　高细纺锤形整形过程

基本完成，果树进入初果期。如果树势弱，那么在春季疏除花芽，推迟 1 年结果。7～8 年生果树进入盛果期，亩产量控制在 3 000～4 000 千克。

（4）**更新修剪**　就高细纺锤形树来说，保证果园群体充分受光是生产优质果的关键。随着树龄增长，适时去除主干上部过长的大枝，尽量不回缩，及时疏除顶部竞争枝。为了保证枝条更新，去除主干中下部大枝时应留小桩，促发出平长的中庸更新枝，培养细长下垂结果枝组。

（三）细长纺锤形

1. 树体特点 干高 70～80 厘米，树高 3～3.5 米，在中央领导干上不分层次地排列水平侧枝 15～20 个，下部的略长，上部的略短，树冠成形后，呈纺锤形（图 7-5）。适合密度为每亩 80～100 株果树的果园。

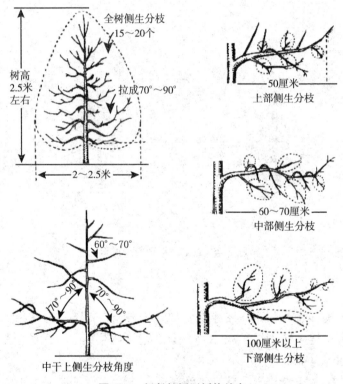

图 7-5　细长纺锤形树体特点

2. 整形要点 定干要依据苗木情况而定。一般中等苗在距地面 80～90 厘米处定干；长势较强的苗（苗高 1.5 米以上）距地面 1～1.2 米处定干；生长弱苗从距地面 70～80 厘米处定干。

（1）定植后第一年的冬剪　中央领导枝长势中等或偏弱的植株，从中央领导枝 1/3 处轻打头；长势偏强者可不打头，以缓和树势。侧枝长度超过 30 厘米者留 1 厘米桩疏除，小于 30 厘米者保留。

（2）定植后第二年的冬剪　与第一年基本相同，但修剪量要轻，低部位的主枝粗度超过同部位主干直径 1/3 者应去除，始终保持中央领导干的优势。中央领导枝过强时，可放任不剪；中央领导枝弱者，可轻短截。主枝要拉平，主枝延长头一般不打头。

（3）定植后第三年的冬剪　一般树高 2.5 米左右，中央领导干应保持中庸生长，主枝逐年增多，过密的要疏除，"卡脖"现象要注意及时消除，并应平衡主枝长势，中央延长头可以不打头。疏除基部枝上直立枝、旺枝或中央领导干背上旺梢。

（4）定植后第四年以后的冬剪　树高已达 3～3.5 米，此时重点是保持权势平衡。对中央领导枝上的新头不要修剪，保持弱生长势。同一方向的重叠主枝要保持 50 厘米以上的间距，主枝长度保持 1 米左右，底部主枝过密者应疏去一部分。对生长势过旺的主枝就要及时削弱或去除。每年应更新 20% 左右的主枝，便于交替结果。上部枝条应作为结果侧枝看待，结果 2～3 年后缩剪到合适的更新枝部位。

（四）自由纺锤形

1. 树体结构　自由纺锤形是纺锤形中树体较大的一种。成形树干高 70～80 厘米，树高 3.5 米，冠幅 2.5～3 米，中心干直立，其上分布 10～15 个小型主枝，每个小主枝间距 20 厘米，无明显层次，外观呈纺锤形。主枝角度大，宜在 80°～90°，下层主枝长 1～1.5 米，其上直接着生中、小枝组（图 7-6）。适合亩栽 66～83 株果树的果园采用。

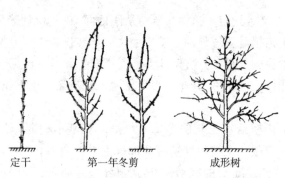

定干　　　　　第一年冬剪　　　　　成形树

图 7-6　自由纺锤形树形及栽后第一年整形

2. 整形要点　定植时距地面 80～92 厘米处定干，春季选距地面 70 厘米以上枝条加强管理，以培养下层主枝。

（1）**定植后第一年冬剪**　在主干选择角度开张、分布均匀、间距 20 厘米左右的枝条作骨干枝，并留基部 3～4 个芽重剪（剪口留外芽），其他枝条彻底疏除。如果计划培养的主枝不够，或枝条生长在一侧，那么可采用中心枝短截，并在缺枝一侧刻伤，促枝补空。

（2）**定值后第二年和第三年冬剪**　中心枝过强，可长放不剪，弱者留 30～50 厘米短截，继续按第一年选留主枝。保留的主枝，若长度达到 1.5 米左右，则可长放不剪。上部枝过多时可适当疏除，下部枝多留为宜。

（3）**定植后第四年及以后的冬剪**　树高控制在 3.5 米，保持枝势平衡。如果领头枝较强，应把头换到较弱的侧枝上，要防止树冠上强下弱。骨干枝延长头一般不剪，但树势衰弱后，要短截更新。行间若伸出过长的枝，则将其回缩到生长势较强部位。直立枝要疏除或拉平，还要注意清理结果多次的结果枝组，使其轮流结果。

二、枝梢管理

（一）拉　枝

拉枝就是人为地改变枝条的生长角度和分布方向的一种整形方法。拉枝对培养树体骨架结构、合理枝条空间分布、改善光照通风条件、改变枝条极性、调整枝条势力、促进或抑制枝条生长，以及调整果树生长与结果矛盾等都具有非常重要的作用。

1. 拉枝的时期　一年四季均可拉枝，而以秋季拉枝最好，原因是秋季正是养分回流期，及时开张角度，养分容易积存在枝条中，使芽体更饱满，可促进提早成花。同春季拉枝相比，秋季拉枝条会使枝条背上萌发强旺枝。秋季枝条柔软，也容易拉开。

2. 拉枝角度　拉枝角度切不可强求统一，要根据品种、地理条件、土壤状况、肥水情况、栽植密度、结果情况以及该枝条的势力、长短、方位、空间等灵活掌握。①要依据海拔高度拉枝，海拔越高，树体长势越弱，拉枝角度要小。一般海拔500米左右的拉枝角度应为 120°～130°，海拔 800～1 000 米的应拉到 110°～120°，海拔 1 000 米以上可拉到 100°。②水地、旱地拉枝有所不同，土壤瘠薄、肥水条件较差的地区，拉枝角度就要小些，可采用斜向上的角度；水利条件好的拉枝角度应大一些。③树势不同，拉枝角度不同。对于枝条基角较小、势力较强、延伸较长的枝，则要拉的大一些，一般拉至水平以下。衰弱树不能拉枝，应加强肥水等管理，返旺后再拉枝。

3. 注意事项　①注意拉枝材料要抗老化能力强，要能维持3个月以上。②要严防拉绳嵌入枝条木质部之中。系绳时最好系活套或使用挂钩。用较细的铁丝或绳拉枝时，要加扩垫。③地下固定要牢固，防止因浇水或下雨使拉绳反弹。④不要采取"下部抽

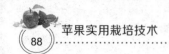

楔子"等不良开角法,造成伤口后不易愈合且易感染病菌。拉不开角度的不要强拉,以免折断。同时,还要用干净塑料纸包严锯口,促进伤口愈合。

(二)疏　枝

指把1年生枝或多年生枝从基部疏除的修剪。疏枝多用于冬剪,夏剪时也有应用。疏枝可以改善树冠内光照状况及附近枝的营养状况。疏枝后,对伤口上方(前方)具有抑制作用,对伤口下方(后方)的枝条具有促进作用。

1. 疏枝对象　病虫枝、过密枝、重叠枝、交叉枝、并生枝、衰弱枝、竞争枝、无用徒长枝、位置过低的主枝、严重影响光照的枝组以及一些需要更新的枝条。

2. 时间　疏枝时间分生长季节和休眠季节。从采果后到落叶前的这段时间疏枝,树冠的通风透光情况最易掌握,不易出现疏漏。疏除大枝后,树冠的光照得以改善,叶片功能增强,有利于花芽形成的养分的积累。缺点就是带叶疏枝会削弱树势,一般对旺树在这个时期疏枝。冬季疏枝好处是不会过分削弱树势,缺点是伤口愈合慢,需要加强保护。

3. 注意事项　①疏枝应注意伤口倾斜20°～30°,并将伤口削光。②一般情况下,避免对伤口疏枝和连续疏枝,这样会对树体或枝条削弱严重。③疏枝后的空间可用拉枝、刻芽等方法补上。

(三)回　缩

对2年生以上的枝进行剪截的修剪称回缩。回缩比短截的局部促进作用更强,有助于养分向基部转移。通常成龄树冬剪时采用此法。

1. 树头的回缩　对多年生果园,缩头开心,或强头换弱头、大头换小头。

2. 主枝的回缩　主枝的回缩分为以下几种情况：主枝过长，行间或株间交接，需要回缩；主枝严重衰弱，需要更新复壮；主枝角度太小或太大，需要开张角度或抬高角度。

3. 衰老树、衰弱枝组的回缩　主要是减少生长点，集中营养，恢复树势和枝势，一般采用抬高角度的方法，衰老树回缩到背上有良好分枝处。

（四）长　放

对1年生的枝条，尤其是营养枝保留不剪，称为长放或甩放。这是目前幼树最主要的整形修剪方法。

1. 作　用

（1）可缓和新梢长势和减少成枝力　这是由于长放后树体或枝条上所保留的枝芽量多，在生长季节如春季树液流动后，营养分散，尤其是在春季拉枝的基础上，顶端优势减弱，下部枝梢或芽萌发的比例增大，而且相比之下所抽生长枝的数量减少。

（2）促进成花　特别是在春梢停长期，树冠自身的营养能力增强，即能够最大限度地满足花芽分化对营养物质的迫切需求，所以枝条长放对于幼树提早成花，尤其是早果丰产具有非常重要的作用。在红富士品种下垂结果的管理方法中，采用连年缓放的方法可培养下垂的单轴结果枝组。

（3）加快树干和枝条增粗　由于长放枝条叶面积总量最大，树体或枝干的增粗较快，长放有利于加快树干和枝条增粗。

2. 操作要点和注意事项　①长放属于一种缓势剪法，在具体运用时要据品种、树势而定，同时必须掌握长放的程度，即连续甩放的时间。否则，如果全树缓放过多或者无节制地连年缓放，将会使树体特别是幼树未老先衰，尤其是对于骨干枝背上的强旺直立枝如竞争枝等，经过连年地长放以后，其体积会迅速增大，常常出现"树上长树"的现象，给树形培养带来严重干扰，妨碍花芽形成。②旺枝长放还容易导致枝条后部光秃带现象严重，特别是在主枝或主干延长头上连续长放，不仅会造成全树衰弱，而且会严重影响幼树早期的迅速扩冠。这样做虽然早见果，但不见丰产。③旺枝缓放以后采取综合调整措施才能控制树势，促进花芽形成。在长放以后，随着树体的开花结果，还必须密切注意其体积大小、花芽留量和长势等，随时进行适当的回缩并最终培养成良好的结果枝组。

（五）刻 芽

刻芽又称目伤，根据所刻的位置不同，所起的作用也不相同。在芽前刻时，具有促进芽萌发的作用；在芽后刻时，具有抑制芽萌发的作用。

芽前刻指在芽上方 0.2～0.5 厘米处用刀横刻皮层的修剪方法，以促进刻芽的萌发力、成枝力，促发短枝。刻芽常用于幼树，以促进枝条萌芽成枝，特别是出短枝、早成花、早结果；也可用于骨干枝的延长枝，以克服光腿枝，特别是可以定向发枝；对于长的发育枝，可以连续刻芽，或间隔刻芽，以更多、更均匀地诱发短枝。生产中刻芽配合抽枝宝，效果更好。在国外，也有在芽上方 1.5 厘米处刻芽的，所发枝条生长量小，不用拉枝就可结果，可减少果园用工量。

1. 主要作用

（1）**快速培养树形** 对大苗新栽树不定干，只需在所要抽生主枝或骨干枝方位的树芽上方刻伤，便可抽发出枝条，达到早结果目的。

（2）**解决偏冠缺枝** 用刻芽的方法可很快解决树体不平衡问题，在树干上缺枝或少枝的方位上选芽体饱满的芽或锥形枝重刻伤，使之发出的枝成为中、长枝，占领空间，平衡树体结构。

2. 刻芽的时间 以萌芽前后为宜，刻芽早，出长枝；刻芽晚，出短枝多。刻芽过早，容易发生枝条失水抽干现象；刻芽过晚，芽已经萌发，达不到目的。为了促发较大的侧生枝或解决多年生枝干光秃问题，应在苹果树萌芽 20～30 天内进行；若为了促发中短枝，则应在萌芽前 7 天至萌芽初期进行。

3. 刻芽方法　①春季刻芽时，凡需要刻的背上芽，一律在芽后 0.2～0.5 厘米处用钢锯横刻一刀，深达木质部，这样背上就不会冒出长条。②两侧和背后芽，先在芽前 0.2～0.5 厘米处刻。若不希望所发枝条太长，则可在芽前 1～1.5 厘米处刻芽。

（六）转　枝

转枝造伤就是将一年生或多年生枝条的某个部位转动一定的角度，达到改变枝条生长的方位、改变芽抽、人为造伤的一种手法。其作用是阻挡树体营养正常流动，增加积累，缓势成花，调节树体受光。转枝是一种控制树势的调节方法。此法一般适用于旺枝，配合摘心去叶、抑顶促萌，有着非常明显的效果。

1. 转枝对象

（1）主干上的分枝　对于主干形建造中的分枝，在春季发芽前及营养生长接近停长时进行。一般当枝长到 60～80 厘米时，在基部转枝。高海拔地区生长缓慢，芽质饱满，轻轻转一下就行。生长期转枝加摘心、去叶，势力强者转到下垂。

（2）密闭园改造中扰乱树形的大侧枝　多年生粗枝转枝时要有技巧，先从需要转枝处上下活动，松动后向外转动。将背下枝翻为背上枝时，可根据枝条的势力和周围的空间情况，转至垂直向下或斜向下 45°角。转时必须从基部转，避免"弯弓射箭"，造成虚旺现象。树势越强，转枝越狠。

（3）对于相互交接的主枝延长头　在不方便锯掉或回缩时，可从一定部位转枝，使枝头 90°下垂，待前端大量结果、势力弱下来后，再设法改造。

（4）长度超过 15 厘米的旺小枝　在春季发芽前，可每隔 3～4 个芽转一下，配合抑顶促萌方法，可使枝条分段积累养分，形成串枝花。

2. 转枝注意事项

（1）**一年生枝条**　每隔5～6个芽转一下，转时左手拇指在背下，右手拇指在背上，双手握紧，然后左手向内拧转90°，右手向外转90°。

（2）**二年生枝**　转枝时要在强弱交接处转。

（3）**多年生枝**　多年生枝在枝的基部转，转时首先要观察枝条中上部，把力点推向基部，到关键时用力一转，听到响声后，枝就转好了。如果有大裂伤而不能合紧的，最好用干净的塑料膜包严。对于拉好的枝梢部朝上弯长的，应让弯曲的基点转枝下垂并固定。

（4）**对背上新生梢较旺且数量较多的枝**　应及时转枝（梢），将背下枝转成背上枝，背上枝转成背下枝，缓解背上旺势。对此类枝，要随时发现随时转枝。

（七）抑顶促萌

抑顶促萌就是控制顶端生长，增加枝条积累，有利于培养壮枝及形成花芽。抑顶促萌时间需在发芽前。具体操作方法是将5～15厘米长的枝掰掉顶芽。15厘米以上的枝掰掉顶芽后，隔5～6芽再转一下枝。枝条可以多处转。寒冷地区怕冻伤，枝条可在刚发芽前进行。

在整株树长势较旺的情况下，甩放不修剪。大顶芽一年下来能延长30厘米以上。超过30厘米长的枝条，大都不能形成花芽，特别是枝位在背上的，更容易长的更长，不但不成花，反而还遮光。因此，将此类枝在萌芽前掰掉大顶芽，减缓顶芽优势，它就长不长了。

第八章

苹果矮砧密植关键技术

一、矮砧密植苹果园综合管理

苹果矮砧密植集约栽培模式是世界苹果生产先进国家普遍采用的栽培模式，矮砧密植栽培模式，具有树冠矮小、管理方便、节省劳动力、结果早、产量高、见效快、通风透光、苹果品质好、便于机械化管理、易于标准化生产等优点。

（一）建　园

1. 整地起垄　①秋季深翻土地 60～80 厘米，施优质有机肥 5 000 千克/亩，平整地面。②按宽行密植模式 1 米（株距）×3.4 米（行距）起垄。垄上部宽 1～1.2 米、下部宽 2 米、高 25～30 厘米，垄上做畦，畦内栽树。③培土深度达中间砧 2/3 处（中间砧上部留 1/3 不培土）。如果土层浅或瘠薄，就将中间砧全部埋入土中。

2. 苗木选择

（1）大苗建园　选用优良品种和优质壮苗，以 M9、M26、M7、SH 等矮化自根砧做中间砧（长度 15 厘米、基砧 3 厘米左右）。目前，广泛栽培的品种有龙富、烟富 6、烟嘎、皇家嘎拉等。

（2）用 3 年生矮化中间砧大苗　苗高 80 厘米以上，有 10～15 个分枝，分布均匀，分枝长度不超过 30 厘米，根系完整，无

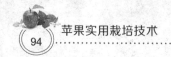
病虫害及检疫对象。

（3）用2年生苗木　苗高应1.5米以上，芽眼饱满，根系完整，无病虫害及检疫对象的优质苗。

3. 栽植　①春季萌芽后至花期栽植苗木。按株距1米栽植，栽植深度：旱地或瘠薄地中间砧露出地面1/3左右，水肥条件较好地区中间砧露出地面1/2左右。土层浅或贫瘠地也可将中间砧全部埋入土中。②长势旺的品种适当浅栽，反之可适度深栽。③栽后及时浇水。④大苗分枝较多，当年栽植树盘保留宽度1.5米，栽植整平树盘后，行内及时覆膜。

（二）生产管理技术

1. 设支架　①矮化中间砧或者矮化自根砧苗园，宜设篱架对每株苗木进行扶持固定，以防倒伏和中干早衰。②顺行向每隔10～15米设立一根高4米左右的钢筋混凝土立柱，上、下拉3～5道铁丝，间隔60～80厘米。每株树设立一根高4米左右的竹竿或木杆，并固定在铁丝上，再将幼树主干直立绑缚其上。③株行距设计有单行密植、双行密植和"V"字形建园设计等。确定株行距后，可以布局和安装灌溉设施。

2. 果园生草

（1）**生草形式和草种选择**　生草形式有全园生草（树盘除外）或行间生草。一般在肥水供应较充足的成龄果园，采用全园生草；肥水供应条件差、幼龄果园或浅根系（如苹果矮化砧M9T337等）果园采用行间生草。生草应选择适应性强、矮秆、浅根性、有利于害虫天敌滋生繁殖的草种（如黑麦草、红三叶、白三叶、紫云英、酢浆草、长毛野豌豆、鼠茅草等）。

（2）**种草时间及方法**　种草的时间一般在春季的3～4月份或秋季的9～10月份。先将土地深耕，人工平整。将草种放入清水浸泡15～20分钟，捞出晾干备用。采用条播或撒播，春季适宜条播，秋季适宜撒播。条播是先进行刨沟，沟深5厘米左右，行间距 15 ～ 30 厘米。撒播是在土地深耕平整后，用人工或撒播机把草种撒播在地表，然后用耙或人工将土覆盖在种子上。撒播时，依据草籽情况适量掺沙，控制生草密度，减少草子使用量，避免不必要的浪费。

3. 肥水管理　①施足底肥，栽植当年 5 ～ 7 月份追肥 2 ～ 3 次，以氮肥为主。② 9 ～ 10 月份追磷、钾肥和有机肥 2 次。③进入结果期后，要多施有机肥。结合果园生草，建立果、草、畜、沼生态系统，生产优质果品，实现苹果生产经济效益和生态效益双赢。

4. 整形修剪

（1）常用树形

①细长纺锤形　适用于矮化自根砧树，树高 3.2 ～ 3.5 米，主干高度 70 厘米左右，中心干保持足够优势，其上着生结果枝组 25 ～ 40 个，骨干枝角度一般保持在 100° ～ 130°。

②自由纺锤形　适用于矮化中间砧树，树高 3.5 ～ 4 米，主干 60 ～ 80 厘米，中心干上错落均匀地着生骨干枝 25 ～ 35 个，骨干枝角度 90° ～ 120°。

③高纺锤形　适用于矮化中间砧嫁接短枝型良种的树，树高 3 ～ 3.5 米，主干高 60 ～ 70 厘米，中心干上错落均匀地着生骨干枝 20 ～ 30 个，骨干枝角度 110° ～ 130°。

（2）整形修剪原则　矮化自根砧和中间砧的整形要在 2 年内完成。修剪时，要特别注意扶持中心干，确保其强壮。中心干上着生的结果枝组，其基部的粗度不得超过着生处中干粗度的 1/3。

（3）修剪技术要点　矮化自根砧果树应掌握"二强、五度修剪法"。二强，即始终保持健壮树势，保持树体中干的强势；五度，即侧枝枝条的着生高度，侧枝枝条的生长长度，主干上侧枝的密度，侧枝枝条的开张角度，侧枝枝条的粗度。这种修剪方法可保证矮化自根砧果树 2 年结果，4 年丰产。

①第一年整形修剪　如果选用 3 年生大苗，一般情况下，就

不进行定干修剪，顶芽萌发后，自然向上生长，不定干或轻打头，仅去除直径超过主干干径 1/3 的大侧枝。如果用 2 年生的苗木，在 1～1.2 米饱满芽处定干。定干后，保护好剪口，刻芽时，距地面 80 厘米开始，其上部 20 厘米不刻，隔 10～15 厘米刻一个芽，保持插空刻芽，刻 2～3 个为宜。大苗分枝较多，当年栽植树盘保留宽度 1.5 米，树盘内及时覆膜。萌芽后，严格控制侧枝生长势，一般侧枝长度达到 25～30 厘米时，进行拉枝，角度 90°～110°。生长势旺和近中心干上部的角度可增加到 110°，着生在中心干下部或长势偏弱的枝条角度可减少到 90°。

②第二年修剪　修剪方法与第一年基本一致，主要是疏除基部粗度大的分枝，并注意开张枝条角度，使树高达到 3 米左右。

③第三年及三年以后的修剪　基本与第二年相同。严格控制中心干近枝头处的（上部 50 厘米）留果，尤其是对于部分腋花芽，可以疏花并利用果苔枝培养优良分枝。生长季节可结合刻芽、环切、喷施 PBO 等措施促花。依据有效产量决定下部分枝是否留果。一般产量低于 300 千克/亩，建议不留果。第四年开始，树高达到 3 米以上，分枝 18～25 个，整形基本完成。

（4）矮化中间砧苗木　定植后，保留所有的饱满芽剪截定干。定干后，用愈合剂或指甲油涂抹剪口予以保护。

①刻芽　定干后，一律从剪口下第三芽起，每隔 3 个芽刻 1 个芽，一直刻到距嫁接口 60 厘米处。

②休眠期修剪　栽后翌年春、萌芽前 1 个月进行，中心干保留所有的饱满芽剪截并刻芽，上一年的所有枝条一律重短截。对新生基部粗度超过着生处 1/3 的分枝，进行极重短截。对其他枝条进行捋枝或扭梢，开张角度。

5. 病虫害防治　主要是狠抓"二病一虫"，即早期落叶病、轮纹病、红蜘蛛的防治。以生产绿色果品为目标，对主要病虫害进行监测预报，以农业防治为基础，生物防治、物理防治为重点，与化学防治相结合，但要减少化学农药的使用，提高产品的安全性。

二、苹果矮化栽培中常见问题及解决方法

近年来，我国苹果栽培模式正在发生变革——由乔砧密植栽培转向矮砧宽行集约栽培，总体来看，这是值得提倡的，也是苹果园的发展方向。尽管矮化集约栽培有绝对优势，但存在问题也不少，栽培时应尽早解决。

（一）存在问题

1. 配套设施不到位　矮砧栽培比常规栽培先期投入大，矮化自根砧苗的价格是常规苗木的4～5倍，而且必须配套支架立柱（矮化苗木根系浅，大雨后遇大风，容易造成树体倒伏，园相不整齐）、水肥一体化（矮砧苗木根系浅，对外界环境适应性差，水肥一体化使水肥供应得到可靠保证）和覆盖设施。有些果园受到资金限制，没有上述配套设施，不但影响园貌和树势，而且容易造成损失。

2. 栽植深度不一致　有些果园栽树前没有平整土地、大水沉实，栽植后一浇水，深的深、浅的浅，造成树体生长强度不一，为以后的生产、管理带来极大不便。

3. 果农整形修剪常见弊端　一是惜枝如命，不舍得去枝，造成基部枝过大，干性弱，树体横向生长过快，很快交冠；二是过分强调树形，只要分枝超过中干1/3粗，就要疏掉，甚至不惜连年疏枝造成树体营养生长过剩，3年长成了大树，树形虽然好看，但却牺牲了生产效益，也不利于树势稳定和可持续生产。

4. 生草果园数量少　由于受传统观念影响，大多果园还在实行清耕制，有的甚至靠除草剂杀灭杂草，严重破坏果园生态，果树根系损伤严重。尤其是矮砧树，根系浅，除草剂的危害更为严重。

（二）解决方法

任何技术的应用都必须建立在遵循自然规律基础上，矮砧集约栽培也不例外。矮砧树尽管比乔砧树在一定程度上更容易管理，但若粗放管理，也不能得到好效益，必须辅以相应的措施才能达到理想的效果。

1. 建园时一定要配套支架立柱　矮砧苹果树没有垂直根，以侧生根、细根为主，固地性差，建园时须设立水泥支柱，一般沿树行每 15～20 米立 1 根。为了更好地抗风，果园两头的支柱须斜拉铁丝固定，支柱间拉 3 道铁丝，将树干固定到铁丝上（不能直接将树绑到铁丝上，为防铁丝磨伤树干，树干上应绑胶皮或木条，绑时要给树留有活动余地，不能勒得太紧）。随着树干的增高，逐渐将树干和枝条固定于铁丝上，以增强树体稳定性，避免外强中干，并达到开张枝条角度、缓和枝条长势、促使及早成花的目的。

2. 必须配套水肥一体化　最起码要有微灌措施。微喷或滴灌管顺行放置，每株树留有喷头或滴头，根据物候期和树体生长状况喷水，保证树体正常、有节奏地生长。最好结合树盘覆盖（可以覆盖腐熟的厩肥、作物秸秆、园艺地布等），减少土壤水分蒸发，稳定根系生长环境。

3. 保证栽植深度一致　矮化苗的生长势与栽植深度有很大关系。不管是什么砧木，栽植时都不要将品种嫁接口埋入地下，以免品种生根。冬前开沟，回填，浇大水沉实，开春立即起垄，栽前离地 5 厘米左右顺行拉绳，栽植时嫁接口与绳平齐即可。

4. 整形以纺锤形为目标　培养强壮中干，在中干上螺旋着生 30 个以上结果枝组。纺锤形的首要条件是必须强中干，因此修剪时要抓住前两年时间。第一年栽上后保证成活，有条件的果园可以涂抹发枝素促进分枝，等新梢长到 20 厘米左右时捋梢，使新梢角度开张，一般 8 月中旬以后拉枝。第二年视发枝情况处理。若分枝多，且长势均等，可以保留，同时对枝条涂抹发枝素，促进分枝；若发枝少，且不均衡，则需将枝条从基部稍抬，重短截，使其从枝条背后的隐芽重发，这样发出的枝条角度大，再经捋梢、拉枝，当年可发枝 30 个左右。第三年所有枝条保留，仅对延长头进行处理，使其单轴延伸，然后对所有枝条涂抹发枝素，有花则留。

这样 3 年下来树高基本可达 3.5 米左右，分枝可达 35～40 个，树形培养基本完成。结果后根据树体空间适当疏枝，注意每年疏枝数量不要多于 4 个。再往后的修剪，主要是维持树体生长和结果平衡，注意结果枝更新复壮。

5. 果园内必须生草 矮砧栽培要求土壤条件较高，土壤有机质含量要达到 1% 以上，生草是提高土壤有机质含量的有效办法，而且还能丰富果园生物群落，稳定根系生态环境，对树体生长非常有利。可进行自然生草或人工生草，适宜的草种有鼠茅草、早熟禾、毛叶苕子等。生草要结合气候条件，每年刈割 3～5 次，割下的草覆盖树盘，结合秋施基肥埋于地下。人工生草需经常往草上撒点尿素，以促进草的生长，避免草与树争肥，每 3～4 年翻耕 1 次。

第九章
病虫害防治

　　苹果的病虫害防治要认真贯彻"预防为主，综合防治"的植保工作总方针，在病虫害大规模发生前采取积极措施，通过农业、生物、物理、化学等多种防治手段，把病虫害控制在经济危害水平之下，达到增产、增收，提高经济效益的目的。

一、主要病害及防治

（一）苹果腐烂病

　　1. 危害症状　早春发病盛期，症状最为明显。病部呈红褐色的水渍状，有的部位溢出黄褐色汁液，表面稍隆起，扩展迅速。病组织溃烂，易撕破，有浓烈的酒糟气味。晚秋初冬，表面溃疡向树皮深层蔓延，同时在树皮表面发生新病痕，在病变组织和濒死组织的交界部位，周皮以下出现深褐色至咖啡色坏死点，病部进一步扩大融合，引起树皮腐烂。

　　此外，苹果腐烂病也能侵染果实。受害果实表面产生暗红褐色、圆形或不规则形病斑，病组织软化腐烂，病斑表面散生或集生略呈轮纹状排列的黑色小粒点。

　　2. 发病规律　苹果腐烂病是由真菌引起的主要枝干病害，一年中有2个发病高峰。第一个发病高峰期在3月上旬至5月份，也是全年危害最严重的时期；第二个发病高峰期在 8 月下旬至 10 月份。腐烂病菌主要侵染结果树的枝、干、皮层，也能侵染幼树、苗木和果实。该病能明显削弱树势、影响产量，致使全树干枯死亡。其危害症状有溃疡型和枯枝型两种，以溃疡型为主。

3. 防治技术 防治苹果树腐烂病最主要的是加强栽培管理，增强树势，提高树体抗病能力，并及时消除菌源，搞好果园卫生，刮治病斑，加强病树的桥接和脚接等综合防治措施，即可有效地控制危害。

（1）**加强栽培管理** 加强果园的土肥水管理，深翻改土，改善立地条件，促进根系发育，增施有机肥和磷、钾肥，避免偏施氮肥，合理修剪和疏花疏果，控制结果量，避免大小年；搞好果园排灌设施，防止土壤干旱和雨后积水；及时防治虫害，秋季在树干涂白，防止冻害。通过上述措施来增强树势、提高树体抗病能力。结合修剪，及时去除枯枝、病枝，将其带出园外烧毁，以减少越冬菌源。

（2）**刮疗病斑** 在果园主要发病部位（主干、主枝和中心干基部等）进行全面刮皮，在病斑下地面铺设一塑料布，用以收集刮落下的病死组织，将树皮表面刮去 0.5～1 厘米的外层，直至露出新鲜组织为止，刮后树皮呈黄绿镶嵌状。重刮皮可将树皮内各种病变组织和侵染点在其扩展之前彻底铲除，并能刺激树体愈合，提高抗病能力，起到更新树皮外层的作用。重刮皮在 5～8 月份进行，这时愈伤组织形成最快。病部刮后可涂抹 1～2 次消毒保护剂（如腐必清原液），将刮下的病死组织深埋或烧毁。

（3）**喷药保护** 采果后，晚秋初冬或早春发芽前，喷 5% 菌毒清水剂或 2% 农抗 120 水剂或腐必清 100 倍液，可有效消除树体上的潜伏病菌，收到良好的防病效果。

（4）**灰铜油高锰酸钾溶液防治** 该药具有较强的杀菌力，渗透性好，性质稳定，愈伤组织形成快，耐雨水冲刷，对苹果树干腐病、褐腐病，以及钙、铜、锰微量元素缺乏症也有一定的预防和治疗效果。配方如下：硫酸铜 1 千克，生石灰 2 千克，适量的高锰酸钾和机油 8 克。把 0.1% 的高锰酸钾放入机油中搅拌均匀，再依次加入生石灰、硫酸铜，混合即可使用。于每年的 10～12 月份或翌年的 3～4 月份，用快刀将果树主枝或主干上带病疤的皮全部刮掉，深度达到木质部，并把周围的好皮斜向切掉 1～2 厘米。切面要求光滑、干净，呈 45°～60° 的斜面，病疤要刮成菱形或椭圆形。然后将配好的药液用小刷子涂抹在刮好的病疤上，涂抹的范围应超过病疤周围 2 厘米以上。要求做到刮一块涂一块，过 2 周再涂抹 1 次。涂抹时一定要均匀、细致。

（二）苹果轮纹病

1. 危害症状　枝干受害，首先以皮孔为中心产生水渍状褐斑，逐渐形成直径 3～20 毫米的褐色病斑。许多病斑连在一起，使枝干皮层变得非常粗糙，俗称粗皮病。果实受害则发生在果实近成熟时，以果点为中心，生出褐色水渍状小点，后逐渐扩大形成深浅相间的同心轮纹，病斑扩展迅速，几天内可致全果腐烂，常溢出褐色黏液。生长期发病的果实，在病部果皮下着生小黑点（病菌的分生孢子器）；果实贮藏期发病，由于温差较为稳定，光照不足，病斑轮纹不明显，也很少产生小黑点。

2. 发病规律　苹果轮纹病为真菌病害，主要危害枝干（又称粗皮病）、果实（又称轮纹烂果病）和叶片。病菌以菌丝体、分生孢子器、子囊壳在病枝上越冬。4～6 月份病菌产生孢子，借风雨传播，引起发病。落花后 10 天左右病菌即开始侵染幼果，但不马上发病，待果实近成熟期才开始大量发病。

3. 防治技术

（1）加强栽培管理　建园时选择无病苗，科学定植；加强肥水等栽培管理措施，以提高苗木抗病能力，增施有机肥，不偏施氮肥；在果树发芽前刮除枝干上的轮纹病瘤和粗皮，剪除病枯枝，发现病株要及时铲除，以防扩大蔓延；幼树整形修剪时，切忌用病区的枝干作支柱，修剪下来的病残体及时彻底清理出园销毁。

（2）**刮除病瘤和铲除越冬菌源** 春季发芽前，认真刮除粗皮病斑，然后用消毒水消毒，具体做法同苹果腐烂病重刮法相同。同时在早春苹果树发芽前喷5%菌毒清水剂或农抗120水剂100倍液或1～2波美度石硫合剂，可铲除树体上的越冬菌源。

（3）**喷药保护** 从苹果开花直到8月下旬，每隔15～20天喷1次药。常用药剂1:（2～3）:（200～240）波尔多液，或70%代森锰锌可湿性粉剂600～800倍液，或40%氟硅唑乳油6 000～8 000倍液，或1.5%的多抗霉素可湿性粉剂200～300倍液，或1%中生菌剂水剂300倍液和80%代森锰锌可湿性粉剂1 000倍液混用，有明显的增效作用，也可用70%甲基硫菌灵可湿性粉剂800～1 000倍液，或50%多菌灵可湿性粉剂600～800倍液。为避免病菌产生耐药性，以上药剂应交替使用。幼果期温度低、湿度大，不要使用波尔多液，否则会发生锈果现象，尤其是金冠品种更为明显。

（4）**果实套袋** 生理落果后，对苹果进行套袋，可以有效地预防轮纹病。

（5）**冷藏** 果实贮藏在0～2℃冷库中，可大幅度地降低发病率，也可在采后和储前用100倍仲丁胺液浸果3分钟，装入硅窗气调保鲜袋中冷藏。

（三）苹果干腐病

1. 危害症状 枝干发病后表面溃疡，一般形成圆形或椭圆形或不规则形暗褐色病斑，常渗出浓茶色黏液，后渐失水，转灰黑色干斑，边缘开裂，表面密生小点粒，即病菌子实体。干腐病也可侵染果实，受害果初期产生黄褐色小点，后逐渐扩大成轮纹状病斑，同轮纹病相似。

2. 发病规律 苹果干腐病又叫胴腐病，俗称黑膏药病。主要危害主、侧树干和幼树的嫁接口附近，也可危害果实。干腐病的发生发展与气候、栽培管理水平和品种有一定关系。干旱年份发病较重。在渤海湾和黄河故道地区，从5月份至10月下旬均可发病。管理粗放、地势低洼、土壤贫瘠、肥水不足、树体伤口过多的果园发病率较高。

3. 防治技术

（1）**加强栽培管理** 增强树势、提高树体抗病能力是防治的根本措施，具体做法同苹果树腐烂病。为防止幼树发病，需加强对苗圃的管理，以培育壮苗。注意保护树体，尽量减少伤口，重视调节果树结果负载量，以防止树体早衰，增强树体抵抗力。

（2）**刮除病斑** 干腐病危害初期一般仅限于表层，应坚持常年检查，发现病斑后及时刮治。刮后病部涂菌毒清等药剂消毒，方法同苹果树腐烂病。也可采用重刮皮措施，铲除树体所带的病菌。

（3）**药剂防治** 果树发芽前要结合其他病虫害防治，用3～5波美度石硫合剂保护树干。5～6月份再连续喷2次1∶2∶（200～240）倍波尔多液。

（四）苹果早期落叶病

1. 危害症状 新生嫩叶最先发病，起初在叶面出现褐色圆形斑点，逐渐扩大，形成直径5～6毫米的红褐色病斑，周围有紫红色晕，中央有深色小点，或呈现颜色深浅交错的同心轮纹。天气潮湿时，病斑两面均长出墨绿色或黑色霉层，即病菌的分生孢子梗和分生孢子。病部生长停滞，病叶长大后畸形。发病后期，有的病斑再次扩大，呈不规则形；有些病斑一部分或全部变灰白色，散生小黑点，即次生真菌的分生孢子器。

2. 发病规律 苹果早期落叶病是多种叶部病害的总称，主要有褐斑病、灰斑病、圆斑病、轮纹病和斑点落叶病5种，均为真菌病害，其中以褐斑病和斑点落叶病发生最严重。5～6月份开始发病，7～8月份发病较多。春旱年份发病轻，降雨早而多的年份发病重。

3. 防治技术

（1）**加强栽培管理** 主要措施包括合理修剪，增施有机肥料，及时防治病虫害，使果树生长健壮，提高树体抗病力。同时，做好果园雨后排水工作，降低果园湿度，可减轻病害发生。

（2）**清除越冬菌源** 结合修剪清除树上残留的病枝、病叶，及时扫净地面落叶，并集中烧毁或深埋。

（3）**药剂防治** 第一次喷药应掌握在谢花后10天，若春季多雨，则应提早在花前喷药，以后隔15～20天喷1次。春梢叶片生长期喷药2～3次。秋梢叶片生长期喷药1～2次，可控制病害发生。常用药剂有波尔多液（1∶2∶200），或50%的异菌脲可湿性粉剂1 000～1 500倍液，或70%代森锰锌可湿性粉600倍液，或40%氟硅唑乳油8 000～10 000倍液，或68.75%易保水分散粒剂1 500倍液，以上药剂应交替使用，以免病菌产生抗药性。波尔多液药效长，防治效果好，但有些品种在幼果期喷用时果实易产生果锈，应注意选用其他药剂。

（五）苹果炭疽病

1. 危害症状 该病初期表现为圆形、淡褐色小圆斑，病斑扩大后，病部稍下陷，呈漏斗状侵入果心，果肉变褐腐烂，味苦。从病部中心向外形成轮纹状排列的黑色小粒点，若遇雨季或天气潮湿，则黑点处可溢出粉红色黏液，即分生孢子团。病果多数早落，少数病果变成黑色僵果挂在树上。7月下旬至8月上旬为发病盛期。果苔染病，病部呈深褐色，从顶部向下蔓延。细枝染病，开始产生褐斑，后逐渐扩展为溃疡病斑，后期病皮脱落，露出木质部，病斑以上部分枯死。

2. 发病规律 苹果炭疽病又叫苦腐病、晚熟病，主要危害果实，接近成熟的果实受害最重，也可侵害果苔和枝干。主要以菌丝在僵果、果苔、病枯枝等部位越冬。病菌从谢花后至果实成熟期均可侵染，早期侵染的病菌，潜伏期长达 40～50 天，后期侵染的病菌潜育期较短，一般为 3～13 天。该病菌在整个生长季中可多次侵染，病害日趋严重。

3. 防治技术

（1）**清除菌源** 防治苹果炭疽病应于休眠期结合修剪彻底剪除病树上的僵果、干枯枝及病虫枝、死果苔，连同落地的僵果一起清理出园烧掉或深埋。生长期要及时摘除初期病果，防止病害扩展蔓延。发芽前喷洒石硫合剂等杀菌剂，消灭枝条上越冬菌。

（2）**加强栽培管理** 增施有机肥，改善通风透光条件，降低果园湿度，及时中耕除草，合理施肥；改善排灌设施，避免雨后积水，不在果园附近栽培刺槐，减少传染源。

（3）**生长季节喷药保护** 一般谢花后 2～3 周开始，以后每隔 15 天喷 1 次杀菌剂，可选用 50% 多菌灵可湿性粉剂 800 倍液，或 70% 甲基硫菌灵可湿性粉剂 1 000 倍液，或 70% 代森锰锌可湿性粉剂 500 倍液等。进入雨季后上述药剂可与石灰倍量式 200 倍波尔多液交替使用。

（六）苹果褐斑病

1. 危害症状 主要侵染叶片，有时也能侵染叶柄和果实，病斑褐色，边缘绿色，主要有 3 种类型的病斑：同心轮纹型、针芒状和混合型。叶柄感病后，产生黑褐色长圆形病斑。果实发病初期，果面出现不整齐暗褐色斑点，逐渐扩大，形成近圆形或扁圆形斑，暗褐色至黑色；病部果肉褐色，呈海绵干腐状。

2. 发病规律 苹果褐斑病以菌丝体、菌索、分生孢子盘在树上或病叶上越冬。春季随风雨传播。发病后 13～55 天病叶脱落。5 月上中旬始见病斑，6 月份增多，7～8 月份病害发展最快。果园粗放管理可以导致苹果树大量落叶，引起果树二次发芽、开花，影响翌年产量。高温多雨、管理粗放、土壤贫瘠、树冠郁闭等果园病害发生严重。

3. 防治技术

（1）**加强果园管理**　加强土肥水管理，增施有机肥，合理整形修剪，保持园内和树冠通风透光条件，及时排除积水，防止果园过于潮湿，清除树上和树下的病果、落果和僵果。秋末或早春深翻土地，以减少菌源。

（2）**喷药保护**　在病害发生盛期前，喷药保护果实。一般于9月上中旬和10月下旬各喷1次1∶1∶（160～200）倍波尔多液，或70%甲基硫菌灵可湿性粉剂800～1 000倍液，或50%苯菌灵可湿性粉剂1 000倍液。

（3）**加强采收和贮藏期管理**　果实采收、包装、运输等过程中应尽量避免挤压碰伤，并严格剔除病虫果。

（七）斑点落叶病

1. 危害症状　主要危害叶片，也能危害枝梢和果实。叶片感病初期产生褐色、直径2～3毫米的圆形斑点，中间有黑色小点或呈同心轮纹状。高温高湿条件下，病斑扩展迅速，形成不规则大斑，病斑两面可产生墨绿色至黑色霉状物，叶片变褐、干枯、脱落。果实自幼果至成熟期均可染病，幼果染病后果面产生黑色小斑点；成熟果实染病，果面产生1～4毫米的黑褐色病斑，果心产生褐色至黑褐色霉层，随后扩展到果肉。

2. 发病规律　以菌丝体在病落叶、枝条病斑、皮孔及芽鳞等处越冬。翌年分生孢子随风传播。5月上旬初见病斑，6月份发病盛期，7～8月份为发病高峰期，秋梢发病可以持续到10月份。该病与气候条件有关，高温多雨会导致病害严重，干旱少雨则病害较轻。

3. 防治技术

（1）**清理果园**　秋冬季节彻底清扫落叶，剪除病枝病梢，将其烧毁或深埋；夏季及时剪除带病徒长枝，减少病原。

（2）**药剂防治**　自发病前（5月10日左右）开始，每15

天喷施 1 次杀菌剂,喷 4～7 次。常用杀菌剂有 70% 甲基硫菌灵 600～800 倍液,或 40% 氟硅唑乳油 8 000～10 000 倍液,或 50% 异菌脲可湿性粉剂 1 000～1 500 倍液等。

(八)苹果白粉病

1. 危害症状 春季病芽萌发较晚,抽出的新叶叶背遍布白粉层。随着新梢伸长和叶片展开,白粉层蔓延至整个新梢以及叶片、叶柄表面。病叶狭长,叶缘卷曲并逐渐变褐焦枯。病梢节间缩短,生长停滞,花器官受害,呈绿色至淡红色,不能开花坐果。健康叶片在生长期遭受侵染后,叶背产生灰白粉状病斑,正面浓淡不均,凹凸不平。幼果受侵染后,多在萼洼或梗洼处产生白粉斑,之后形成锈斑,后期在病斑上可产生黑色小粒点。

2. 发病规律 白粉病主要危害新梢、嫩叶和幼苗,也可危害休眠芽、花器和幼果等。白粉病以菌丝体在冬芽鳞片间或鳞片内越冬。翌年春天,病菌产生分生孢子传播病害,顶芽及其侧芽发病率高。孢子萌发侵入的最适温度是 19～22℃,空气相对湿度为 100%,4～5 月份花期前后,病菌易侵入幼嫩树梢和叶芽组织,7～8 月份暂缓侵入,秋梢出现后又开始侵染。春季温暖干旱、夏季凉爽多雨、秋季晴朗,地势低洼、钾肥不足、管理粗放、树冠郁闭等条件的果园病害较严重。

3. 防治技术

(1)加强栽培管理 增施有机肥,注意氮、磷、钾肥的施用比例,以促进果树生长健壮,提高抗病能力。合理修剪,改善通风透光条件,对弱枝及时回缩,以壮树势,有利于控制病害的发生。

(2)清除菌源 结合冬季修剪,除去病枝、病芽,重病树可连续几年进行重剪。早春开始发病时,及时摘除病芽和病梢,控制菌源,减少危害。

(3)药剂防治 春季发芽前(芽萌动时),喷 1 次 5 波美度石硫合剂。花前、花后再各喷 1 次 0.3～0.5 波美度石硫合剂。若发病较重，则隔 10 日后再喷 1～2 次杀菌剂。常用药剂除石硫合剂外，还可喷洒 2% 抗霉菌素 120，或 45% 硫黄胶悬剂 200～300 倍液，或 15% 三唑酮可湿性粉剂 1 000～1 500 倍液，或 50% 甲基硫菌灵可湿性粉剂 800 倍液等。

（九）苹果霉心病

1. 危害症状 感病初期，果心处产生褐色点状或条状坏死点，后期发展为褐色斑块，果心有灰绿、灰黑、粉红、橘红、灰白或白色霉层。受害较重的果实易提前落果，贮藏期果实胴部可具水渍状、褐色、形状不规则的湿腐斑块，斑块彼此相连成片，最后全果腐烂，果肉味极苦。

2. 发病规律 苹果霉心病又叫心腐病、果腐病、红腐病，主要危害果实。苹果霉心病菌在病僵果或其他病组织内越冬。苹果开花期，孢子经风雨传播后开始侵染；坐果后开始侵入心室。6 月中旬田间可以发现腐烂病果，果实成熟进入贮藏期病果继续腐烂，可很快烂及全果。

3. 防治技术

（1）**加强果园管理** 合理整形修剪，使树冠通风透光，及时摘除病果，清除落果，秋季深翻，冬季剪去树上僵果、枯枝等，均可减少菌源。增施有机肥料，完善排灌设施，保持良好的供肥状况，增加树势，提高树体抗病性。

（2）**喷药保护** 苹果花期是病菌侵入的重要时期，也是药剂防治的关键期。发芽前喷施 3～5 波美度的石硫合剂进行杀菌，在苹果露蕾期、花序分离期和落花期各喷 1 次杀菌剂。常用药剂有 40% 氟硅唑乳油 8 000～10 000 倍液，或 50% 异菌脲可湿性粉剂 1 000～1 500 倍液喷雾，或 10% 多抗霉素可湿性粉剂 1 000 倍液，或 80% 代森锰锌可湿性粉剂 800 倍液。

（3）**加强贮藏期管理** 发展简易气调贮藏或冷藏，贮藏期间应加强管理，贮藏温度控制在 5℃ 左右，可有效降低发病率。

（十）苹果锈病

1. 危害症状　该病主要危害苹果叶片，也能危害嫩枝、幼果和果柄，能导致落叶落果和嫩枝折断。发病初期，嫩叶表面出现橘黄色斑点，圆形、有光泽。斑点逐渐扩大，上面密生针尖大小的橘红小点，溢出蜜露，蜜露渐干后小点变黑色。随后，病部组织正面凹陷，背面隆起，长出黄褐色的细管状孢子器，内含褐色锈孢子。锈孢子器从先端裂开，散出粉末状锈孢子。发病严重时，病叶早期脱落。幼果发病时多在萼洼处出现橘黄色病斑，病果畸形。

2. 发病规律　苹果锈病以菌丝体在桧柏瘿疣内越冬。翌年孢子随风雨传播侵染苹果嫩叶、幼果、嫩枝。染病叶正面产生黄色粒点的锈斑。春季3～5月份降雨次数多，雨量大，发病重；果园附近桧柏多，发病重。

3. 防治技术

（1）**铲除菌源**　彻底铲除果园附近的桧柏等寄主，若不能铲除，则冬季应剪除其上的病枝，集中烧毁，并于果树芽萌动到幼果至拇指大时，喷1～2波美度石硫合剂1～2次，以铲除越冬菌源。在新建果园外围5千米以内不要种植桧柏树。

（2）**药剂防治**　于苹果树发芽后至幼果时，喷洒杀菌剂1～2次，防止病菌侵入。可喷1:2:200倍波尔多液，或15%三唑酮可湿性粉剂1 000～1 500倍液，或50%甲基硫菌灵600～800倍液，或40%氟硅唑乳油8 000倍液。

二、主要虫害及防治

（一）山楂红蜘蛛

1. 形态特征　山楂红蜘蛛雌成螨体卵圆形，背部隆起，有冬型和夏型之分。

夏型成螨体积较大，长约 0.5～0.7 毫米，宽 0.3～04 毫米，初为红色，背有皱纹，两侧黑绿色斑纹。雄螨体长 0.4 毫米，略呈枣核形，淡黄色或浅绿色，背部两侧有褐色斑纹。冬型雌螨体小，长约 0.4 毫米，鲜红色，有光泽。卵为圆球形，初淡黄色或橙黄色。幼螨起初淡黄白色，后成为暗绿色长形斑纹。若螨近圆球形，绿色，雌若虫背部隆起，尾端钝，雄若虫瘦小，尾端尖细。

2. 发生规律　山楂红蜘蛛 1 年可以发生很多代，以受精雌成虫在树干翘皮下、伤疤、树缝、落叶杂草等处群集越冬。盛花期为产卵期。一般 6 月份之前危害较轻，6 月下旬以后在高温干燥的气候条件下繁殖很快，7 月份进入严重危害阶段，可造成大量落叶。7 月下旬至 8 月上旬，随着雨季的到来和天敌的增多，虫口密度逐渐下降，至 8 月中旬，大多数害虫进入越冬场所。

3. 防治技术

（1）保护利用天敌　捕食叶螨的天敌主要有食螨瓢虫类、花蝽类、蓟马类、隐翅甲类和捕食螨类等几十种，这对控制叶螨种群数量消长起了重要作用。因此，果园用药要尽量选用对天敌影响较小的农药品种，如花前用 5 波美度石硫合剂，花后用 0.2 波美度石硫合剂或 50% 硫黄悬浮剂 200～300 倍液。

（2）药剂防治　根据物候期，在萌芽前全园喷洒铲除剂消灭越冬虫卵的基础上，抓住苹果花前、花后和麦收前后 3 个关键期进行防治。防治指标（平均单叶活动螨数）：6 月份以前 4～5 头，7 月份以后 7～8 头。药剂可选用 1.8% 阿维菌素乳油 5 000～8 000 倍液，或 15% 哒螨灵 1 500～2 000 倍液，或 5% 氟虫脲乳油 1 000 倍液，或 5% 噻螨酮乳油 2 000 倍液，或 73% 炔螨特乳油 2 000 倍液，或 20% 四螨嗪悬乳液 2 000～3 000 倍液，各种药剂交替使用。

（二）桃小食心虫及苹小食心虫

1. 形态特征　桃小食心虫体长5～8毫米，灰褐色或黄褐色。复眼红色。前翅灰白色，前缘中央处有1蓝黑色近三角形的斑纹，并有7～9组蓝褐色斜立的鳞毛丛。苹小食心虫，成虫体长4.5～5毫米，灰黑色，带紫色闪光。前翅暗褐色，前缘有7～9组较明显的白色短斜纹，顶角有稍大黑点1个，后翅灰褐色。

2. 发生规律　桃小食心虫简称"桃小"，寄主有苹果、梨、山楂、枣、李、杏和海棠等，以幼虫危害果实。初孵幼虫入果侵害。桃小一年发生1～2代，以老熟幼虫在树干周围3～13厘米的土层内作冬茧越冬。越冬幼虫在5月上中旬至7月中旬出土，出土盛期一般在5月下旬至6月中旬。桃小在干旱时出土晚，降雨或灌水后出土期提前而且集中。越冬代成虫的产卵盛期在6月底至7月上中旬，第二代卵盛期在8月中下旬。

苹小食心虫简称"苹小"，食性较杂，主要寄主有苹果、梨、桃、山楂、花红、海棠、棍梓和山荆子等。5月底至6月上旬为越冬成虫羽化盛期，羽化时间一般为5～7天，最适温度19～29℃，空气相对湿度75%～95%。7月中旬到8月中旬为幼虫羽化盛期，9月中下旬幼虫老熟脱果、越冬。

3. 防治技术

（1）桃小食心虫　对桃小食心虫应采取树下与树上防治相结合的方法。①加强地面防治。在越冬代幼虫出土始期、盛期和第一代幼虫脱果盛期进行地面防治；降雨或灌水后，于树下（主要在树盘内）全面施药，主要药剂有50%辛硫磷乳油、48%毒死蜱乳油，每亩用0.5千克药，加水150升，喷树盘及周围地面。也可用白僵菌（粗菌剂）2千克，加48%毒死蜱乳剂0.15千克，加水150升喷树盘，喷后覆草效果更好。②重视树上防治。在地面防治的基础上，于盛卵期及初孵幼虫盛期进行树上喷药防治，当卵果率达0.5%～1.8%时进行树上喷药，隔15天喷1次，连喷 3 次。主要药剂有 20% 甲氰菊酯乳油 1 500～2 000 倍液，或 2.5% 三氟氯氰菊酯乳油 1 500～2 000 倍液，或 20% 杀铃脲悬浮剂 8 000～10 000 倍液，或 1.8% 阿维菌素乳油 3 000～4 000 倍液。

（2）**苹小食心虫** ①抓好越冬幼虫防治。果树发芽前，刮除老树皮集中烧毁；处理吊树用的绳和支杆，以及树干上用以诱集越冬幼虫的束草或草绳，集中消灭；②适时喷药。当苹小食心虫卵果率达 0.5%～1% 时开始喷药，主要药剂有 20% 甲氰菊酯乳油 3 000 倍液，或 2.5% 氰戊菊酯乳油 3 000 倍液，或 48% 毒死蜱乳油 1 500～2 000 倍液，或 1.8% 阿维菌素乳油 3 000～4 000 倍液。各种药剂交替使用，以免食心虫产生抗药性。

（三）蚜 虫 类

1. 形态特征 ①无翅胎生雌蚜：体长 1.7～2.2 毫米，暗红褐色，倒卵圆形；触角 6 节，1、2 节最短，3 节最长，腹部有白色蜡质绵毛。②有翅胎生雌蚜：体长 1.7～3 毫米，头胸部黑色，腹部暗赤褐色，薄覆绵毛，复眼红色，触角 6 节，3 节最长，前翅透明，翅脉及翅痣棕色，中脉有 1 分叉。③有性雌蚜：体长 1 毫米，淡黄褐色，触角 5 节，体被蜡质绵毛；若蚜，体扁平，橙黄色。④有性雄蚜：体长 0.7 毫米，黄绿色，触角 5 节，腹部各节隆起，有沟痕；若蚜略呈圆筒形，暗黄绿色，色头较浅。⑤卵：圆筒形，长 0.5 毫米，初产时橙黄色，后变褐色。

2. 发生规律 1 年发生 10～13 代，高的达 20 多代，以 1～2 龄若虫在树干粗皮缝、伤口边缘、剪锯口及根部萌芽条等处越冬。4 月下旬产生若蚜，5 月下旬至 7 月中旬开始危害。11 天可以完成 1 代，7 月下旬至 8 月份，由于高温和天敌因素，虫口密度显著下降，9 月中旬至 10 月中旬虫口又显著增加，10 月底至 11 月上旬蚜虫开始越冬，温度 26℃ 以上对其越冬和发生不利，同时管理粗放、修剪不当均有利于病害的发生。

3. 防治技术

（1）**保护天敌** 苹果蚜虫的天敌有数十种，要尽量保护利用。如必须用药防治，应选用对天敌影响较小的农药。

（2）**早春防治** 在苹果萌芽前后，彻底刮除老树皮，剪除蚜害枝，集中烧毁。在苹果发芽前，结合防治红蜘蛛、介壳虫，喷5%柴油乳剂，杀死越冬蚜虫。

（3）**生长期防治** 5～6月份是苹果瘤蚜和棉蚜猖獗危害期，也是防治的关键期。因此在麦收前后要进行防治。药剂可选用10%吡虫啉可湿性粉剂5 000倍液，或1.8%阿维菌素乳油6 000倍液，或50%抗蚜威可湿性粉剂1 500～2 000倍液。防治苹果棉蚜可用48%毒死蜱乳油1 000倍液，或40%蚜灭多乳油1 000～1 500倍液喷雾。

（4）**加强果园管理** 增施有机肥，增强树体抵抗力；结合夏剪及时剪除被害枝条，将病枝集中销毁。

（四）潜叶蛾类

1. 形态特征 苹果树的潜叶蛾主要有金纹细蛾、旋纹潜叶蛾和银纹潜叶蛾3种。

（1）**金纹细蛾** 成虫体长2.5～3毫米，全体金黄色，翅展6.5～7毫米，前翅金黄色，基部至中央有银白色剑状纹，端部前缘和后缘分别有4条和3条白色斑纹，复眼黑色，触角丝状。

（2）**旋纹潜叶蛾** 体长2～3毫米，翅展6～6.5毫米，为银白色小蛾子。前翅后半部分金黄色，翅端下方有两个深紫色斑纹，前方两条橙黄色斜带状纹，臀角有簇状黑色鳞片。

（3）**银纹潜叶蛾** 体长3～4毫米，银白色，头顶有白色鳞毛，有夏型和冬型之分。夏型前翅基部银白色，翅端有黑色和橙黄色近圆斑纹，有8～9条古铜色呈放射状排列的条纹。冬型前翅斑纹多呈黑色，前缘有1条长达翅基部的波浪形斑纹，约占翅宽的2/5。

2. 发生规律

（1）**金纹细蛾** 1年发生5代，以蛹在落叶内越冬，翌年4月份出现越冬成虫，羽化后2～3天开始产卵，5～9天孵化幼虫。6月上旬出现第一代成虫，各代成虫分别在7月上旬、8月上旬、9月上旬、10月上旬出现，10月中下旬开始越冬。

（2）**旋纹潜叶蛾** 在山东1年发生4代，以蛹在树皮缝、翘皮等处的白色小茧里越冬。害虫在翌年花期羽化，5月份出现幼虫，6月中下旬至7月上旬出现第一代成虫。7月下旬至8月上旬出现第二代幼虫。9月下旬至10月初越冬。

（3）**银纹潜叶蛾** 1年发生5代，以成虫在落叶、草丛等处越冬。蛹期6～12天，成虫出现的时间与金纹细蛾相似。

3. 防治技术

（1）**人工防治** 秋季落叶后，要彻底清扫果园落叶，剥除枝干上的越冬蛹和越冬型成虫。

（2）**药剂防治** 幼虫一旦潜入叶片，药剂防治效果很差，因此必须在成虫发生盛期进行喷药防治。常用药剂有25%灭幼脲3号悬浮剂1500～2000倍液，或1.8%阿维菌素乳油4000～5000倍液，或2.5%三氟氯氰菊酯乳油3000倍液。金纹细蛾的药剂防治主要时期在越冬代及第一代成虫发生期，药剂可选用25%灭幼脲3号悬浮剂1500～2000倍液，或20%杀铃脲悬浮剂5000倍液，或30%蛾螨灵可湿性粉剂2000倍液，或2.5%三氟氯氰菊酯乳油3000倍液，或20%氰戊菊酯乳油3000倍液。注意各种药剂交替使用，以免潜叶蛾产生抗药性。

（五）卷叶蛾类

1. 形态特征 危害苹果的卷叶蛾主要有苹果小卷叶蛾和芽白小卷蛾两种。

（1）**苹果小卷叶蛾** 体长6～8毫米，棕黄色，前翅有2条近于平行的褐色斜纹，基部和近角处各有1个小褐色斑纹。

（2）**芽白小卷蛾**　成虫暗灰白色，体长6～8毫米，翅展12～14毫米，前翅基1/3处和翅中部各有一暗色弓形横带，后缘近臀角处有一暗色三角形斑，外缘近角处有6～8个黑色平行短纹。

2. 发生规律

（1）**苹果小卷叶蛾**　1年发生3～4代，多以初龄幼虫在剪锯口、枝干贴叶、老翘皮下结小白茧越冬。翌年苹果发芽时出蛰，5月中旬开始化蛹，蛹期8～11天。成虫夜间活动，6月中下旬，第一代幼虫大量孵化。7月下旬至8月中下旬第二代幼虫出现，9月份第三代幼虫出现，10月份开始越冬。

（2）**芽白小卷蛾**　1年发生2～3代，以幼虫在枝梢顶端卷叶里结白色小茧越冬。5月底至6月初化蛹，不久羽化为成虫，6月下旬至7月上旬，第一代幼虫开始危害树叶，8月份出现第一代成虫，8月中旬至9月上旬出现第二代成虫危害树叶，10月份害虫做茧越冬。

3. 防治技术

（1）**人工防治**　早春刮树干主、侧枝的老翘皮和剪锯口周缘的裂皮，摘除枝干上的枯叶集中处理，可消灭苹果小卷叶蛾越冬幼虫。芽白小卷蛾的越冬虫茧冬季不掉落，应结合果树冬剪将虫茧剪掉，集中烧毁或深埋。果树生长期发现上述两种害虫的虫茧，及时用手将潜藏其中的幼虫捏死。

（2）**药剂防治**　越冬代幼虫出蛰期和第一代幼虫孵化盛期是药剂防治重点，以后各代可结合防治其他害虫时兼治。主要药剂有25%灭幼脲3号胶悬剂1000倍液，或50%敌百虫乳油1000倍液，或48%毒死蜱乳油2000倍液，或1.8%阿维菌素乳油5000倍液，或2.5%三氟氯氰菊酯乳油3000倍液，或20%氰戊菊酯乳油3000倍液，喷雾防治。

（3）**生物防治**　松毛虫赤眼蜂对棉褐带卷蛾具有较高的寄生和灭杀效果。在越冬代成虫卵盛期开始放蜂，5天1次，连放3～4次，每亩释放8万～10万头，卵寄生率可达90%以上。

第十章
采收与贮藏

一、采 收

采收是苹果生产的最后一个环节，也是采后处理的开始。采收时间对果品质量起着重要作用，采收过早，果实未充分成熟，导致果实小、产量低、风味淡、色泽差等问题。采收过晚，导致果实水心病增多，果品贮藏时间短、烂果率高，果品采收期的确定关系到果品的后期处理。

（一）采收期的确定

果实的采收期可以根据果实成熟度来确定，而果实的成熟度可根据果实可溶性固形物含量、淀粉指数、可滴定酸含量（或固酸比）、底色及发育期等指标进行确定。但成熟度指标因品种、产地、年份等的不同而存在较大差异，应根据试验和当地经验综合确定。确定果实成熟度的指标主要有以下 7 种。

1. 果实发育期　果实发育期是品种的特性，某一品种在一定的栽培条件下，从落花到果实成熟，有一个大致的天数，即果实发育期。可根据多年的经验得出当地各苹果品种的平均发育天数。

2. 果实去皮硬度　果实在成熟前，去皮硬度达到最大值，而后随着果实的成熟，去皮硬度逐渐下降。

3. 淀粉指数　淀粉遇碘会变蓝色，果实在成熟过程中淀粉逐渐转变为糖类，最大横切面在滴入碘化钾试剂后会显色，随着果实成熟期的临近，蓝色越来越浅，由此也可来判断果实的成熟度。

4. 颜色　果实成熟时，果皮底色呈现出本品种特有的颜色。种子颜色由乳白色逐渐变成黄褐色。

5. 主要化学物质含量　苹果中可溶性固形物、可滴定酸等主要化学物质的多少也可作为衡量果实成熟度的标志。对某一具体品种而言，可溶性固形物含量越高，可滴定酸含量越低，则果实成熟度越高。

（二）制订采收方案

根据当年苹果市场的需求制定采收方案，要以果实成熟度为前提，确定果园采收的时期、批次技术规程，以及相应的资金、人力、物资等资源的调配。果实可进行分期分批采收，有助于提高产量，实现品质和商品的均一性，便于分级出售，提高售价。其次，果品用途决定采收时期。用于当地鲜食销售、短期贮藏及制作果汁、果酱、果酒的苹果应在果实已表现出本品种特有的色泽和风味时采收；用于长期贮藏和罐藏加工的苹果应适当提前采收，具体采收时间可根据果皮色泽、果实生长天数及其他生理指标等综合因素确定。

（三）采前准备

采收前应先考虑果品的去向，如暂时放入冷库还是直接进入市场。准备好采收工具（剪果钳、三角梯、采收袋、周转箱等）、包装用品、分级包装场所及果场、果库，集中培训采收人员，掌握操作规范，以减少采收损失，提高劳动效率。

（四）采收方法

采收宜选择在晴天进行，宜在上午 6～10 时和下午 3～6 时进行，以降低果实携带的田间热，降低果实呼吸强度，减少日灼病的发生。被迫在阴雨天采果时，应将果实放在通风处晾干。采前应事先拾净树下落果，以减少踩伤。要求人工用剪果钳采摘时，轻拿轻放，避免机械损伤。部分果皮较薄、容易发生刺伤的品种（如富士）应将果柄适当剪短。采摘时，先采树冠外围和下部的果，后采上部和内膛的果，逐枝采净，采后再绕树细查一遍，防止漏采。采收中尽可能用梯、凳，少上树，以保护枝叶、果实不被碰伤或踏伤。采收人员要剪短并修圆指甲，以免刻伤果面。果实采收、运输时要轻摘、轻装、轻卸，以减少碰、压伤等损失。注意保护果梗。

用于长期贮藏或长途运输的苹果应根据成熟度分批进行采收。成熟期不一致的品种也应分批采收。分批采收一般可分2～3批完成。第一批先采外围着色好的果实；第一批采收后7～10天采收第二批，也先采着色好的果实；余下的果实在第二批采收后7～10天进行，一次性采完。分批采收有利于提高果实品质均匀度、果品质量和产量。

二、采后处理

果实采收后，为了提高果实的商品质量，苹果需经过一系列处理后才能上市销售。商品化处理一般包括清洗、涂蜡、分级、包装、遇冷等环节。

（一）清洗和分级

清洗是果品处理的第一环节，是通过洗涤来清除果品表面的污渍，使果品外观清洁。同时还可以减少污染，降低烂果率。用喷淋、冲洗、浸泡等方式水洗或用干毛刷将果实刷洗干净，可以减少病菌和农药残留，达到商品要求和卫生标准，提高商品价值。果品清洗时水必须清洁，不能反复使用，清洗后必须要进行干燥处理，除去表面的水分，否则在运输和贮藏过程中容易引起烂果。

分级是按一定的品质标准将果品分成相应的等级。分级的主要目的是区分和确定果品质量，以利于以质论价、优质优价及果品销售质量标准化。果品等级标准作用重大，作为评定果品质量的技术准则和客观依据，有利于引导市场定价和质量比较，有助于解决贸易纠纷。

苹果分级一般按国家或行业有关等级标准进行，有时由于贸易需要，也可根据目标市场和客户要求进行分级。根据中华人民共和国国家标准鲜苹果（GB/T 10651-2008）规定，将鲜苹果分为优等品、一等品和二等品这3个等级，对我国苹果主栽品种的外观质量、内在品质和食用安全作了明确的规定，是鲜苹果分级和交易的基本准则。分级有手工分级和机械分级2种方法。采用手工分级时，分级人员应预先熟悉和掌握分级标准，并有分级板（或台秤）、比色卡等工具。手工分级可减少分级过程中对果实造成的机械伤害，但效率较低，误差较大。机械分级可与其他商品化处理结合进行，根据果实的尺寸、重量和颜色自动分级。机械分级效率和精确度高，是现代果品营销中最为常用的分级方法，但易造成较多的机械伤，投资成本高。

（二）打蜡和包装

1. 打蜡　果实打蜡能在一定时期内保持果实新鲜状态，增加光泽，改善外观，延长适销期，提高商品价值。打蜡在果实生理上有3个方面的作用：一是在果实表面形成一层薄膜，减少病原微生物的侵害，阻碍果实内外的气体交换，降低果实呼吸强度，延缓呼吸跃变期的出现，从而减少营养物质消耗，延缓品质下降速度；二是促进果实内的二氧化碳适量积累，减少和抑制乙烯的产生；三是减少果实内水分的蒸发，保持果实外观新鲜、饱满度。涂蜡剂的种类主要有石蜡类（乳化蜡、虫胶蜡、水果蜡等）、天然涂被膜剂（果胶、乳清蛋白、天然蜡、明胶、淀粉等）和合成涂料（防腐紫胶涂料等）。涂蜡机用的果蜡是专门用于水果的可食性安全保鲜膜剂。

涂蜡方法有人工涂蜡和机械涂蜡两种。若清洗后的苹果数量不多时，可采用人工涂蜡法，即将果实浸蘸到配好的涂料中，取出即可，或用软刷、棉布等蘸取涂料，均匀抹于果面上，涂后揩去多余蜡液。苹果数量较多时，采用涂蜡分级机进行，可同时完成清洗、分级、打蜡三项工作。

2. 包装　经过分级、清洗、打蜡等处理以后就要进行苹果包装，果实包装（即销售包装）是苹果商品化处理不可缺少的重要环节。其目的是保护果实，以便于贮藏、运输和销售，提高商品价值。适宜的销售包装可降低果品的呼吸代谢强度和水分散失，减少果实之间的相互摩擦、挤压和碰撞，减轻病害传染、蔓延，保持果实品质，增加苹果作为商品的附加值。

销售包装包括普通包装和装潢式包装两种，目前以前者为主。普通包装的作用是保护果品和便于携带。装潢式包装用于高档果品，除具有普通包装的作用外，还可提高商品附加值（销售包装在高档果品售价中占有相当大的比例），增强对顾客的吸引力。包装材料要求卫生、美观、高雅、大方、轻便、牢固，利于贮藏堆码和运输。主要包装材料有纸箱和钙塑箱。纸箱包括两种，一种是瓦楞纸箱，其造价低、易生产，但纸软、易受潮，可作为短期贮藏或近距离运输用。另一种是由木纤维制成的纸箱，质地较硬，可作为远运包装用。钙塑瓦楞箱是用钙塑瓦楞板组装而成，特点是轻便、耐用、抗压、防潮、隔热。虽造价稍高，但可以重复使用。另外，配合使用的还有包装软纸、发泡网、凹窝隔板等。包装箱的规格一般按有10千克、15千克、20千克不等。

（三）预　冷

预冷是农产品冷链保藏运输中必不可少的环节，应在采收后立即进行，避免在运输冷藏过程中达到成熟状态。预冷就是使果实采后尽快冷却到适于贮藏和运输的温度，以便迅速排除果实携带的田间热，保持果实品质和新鲜度，提高果实耐贮运性，减少制冷负荷，这是创造良好的贮运温度环境的第一步。高温条件下延长果实从采收至预冷的时间，会导致苹果腐烂增加、品质下降。及时预冷则可有效地减少果实中维生素 C、糖分和有机酸的损失，减少水分散失和乙烯产生，抑制酶活性、呼吸作用和有害微生物的生长，保持果实硬度。苹果采收后应迅速预冷降温，及时入库，通常从采收到入库不得超过 48 个小时。预冷所需时间越长，贮藏效果越差。遇冷主要有以下几种方法。

1. 田间预冷 又称自然遇冷，适用于短期贮藏或短距离运输的果实。在北方和西北高原苹果产区，在土窖、窖洞和通风库贮果之前，可利用夜间低温使库温和果品温度降低，使其自然冷却，然后入库贮藏。此法简单、节约成本，冷却效果较好。

2. 人工预冷 适用于标准冷藏库贮藏和气调库贮藏。主要有风冷和水冷两种方法。风冷在预冷隧道中进行。隧道装入果品后，以 3～5 米 / 秒的风速鼓入冷空气，使果品冷却。果品可装在容器中，从隧道的一端向另一端推进，也可用传送带运送。预冷有时也可在低温贮藏库内进行，分为强制通风预冷和差压通风预冷，后者比前者预冷效果好。

3. 水冷 是一种快速有效的预冷方法，分两种方式：一是采用隧道式水冷器，使装有果实的木箱在水冷器中向前移动，果实上方的喷头向果实喷淋冷水；二是将果实浸入水流中，从一端向另一端慢慢移动，槽中的冷水不断流动。水冷速度与果实大小有关，在相同水温下，果实越小冷却越快。

（四）运 输

苹果生产有一定的区域性。苹果运输是连接苹果生产、贮藏和销售的重要环节。苹果运输应根据品种特性、果实成熟度和运输距离确定运输方式，并尽可能创造良好的温湿度条件，减少运输中的品质下降率和腐烂损失。长途运输和大规模运输宜采用冷藏集装箱或气调集装箱，减少中转环节，以便于铁路、公路、水路和航空运输之间的联运。短途可采用普通货车运输。在运输过程中，应轻装轻卸、适量装载、平稳运输、快装快运，避免或减少振动。长途运输应进行预冷处理，消除果实携带的田间热，并在运输过程中保持适当低温，国际制冷学会建议新鲜苹果运输温度为 3～10℃。远洋运输时应对果实采取保湿或增湿措施。长途运输和远洋运输还应采取通风措施，防止二氧化碳积累对果实造成伤害。

苹果运输包装可根据目标市场和运输方式确定。特等果和一等果必须层装，实行单果包装，用柔韧、干净、无异味的白色薄纸逐个包紧包严，二等果层装和散装均可。层装苹果装箱时应将果梗朝下，排平放实，箱子要捆实扎紧，防止苹果在容器中晃动。包装内不得有枝、叶、沙、石、尘土及其他异物。封箱后要在箱面上注明产地、重量、等级、品种及包装时间。

冷藏运输时，应确保车内温度介质均匀，使每件货物均可接触到冷空气。保温运输时，应确保货堆中部及四周的温度适中，防止货堆中部积热、四周冻害现象发生。货物不应直接接触车的底板和壁板，货件与车底板及壁板之间须留有间隙。对于低温敏感品种，货件不能紧靠机械冷藏车的出风口或加冰冷藏车的冰箱挡板，以免出现低温伤害。

（五）贮　藏

1. 简易贮藏设施　简易贮藏设施是指利用自然冷源进行冷却的贮藏设施。这类贮藏设施主要有土窖（地窖）、窖洞和通风库。简易贮藏是利用设施外环境的自然低温（包括夜间低温、冬季低温和深土层低温），调控贮藏设施内环境温度，达到贮藏保鲜的目的。这种设施不需特殊设备，工艺简单、投资少、耗能低和管理简便。简易贮藏设施的使用受到自然气温的限制，因此，这种贮藏方式主要在北方地区秋末到初春应用，适于经济条件有限地区的晚期品种的短期贮藏。贮藏期以不超过4个月为宜。

2. 恒温冷库贮藏设施 又称机械冷藏设施，即利用机械制冷来贮藏保鲜。恒温冷藏设施由保温性能良好的库体和制冷系统组成。冷库贮藏在保温性能良好的库房中，利用机械设备控制温度、湿度和通风，贮藏时间长、保鲜效果好，是苹果长期贮藏的必要设施。制冷系统由压缩机、蒸发器和冷凝器等几部分组成，靠系统中制冷剂的物态变化，将热量由低温冷媒转移到高温物体中去，从而达到制冷的目的。机械制冷降温迅速、均匀，适合苹果贮藏。但要求该设施有良好的库体结构，库体应具有良好的隔热层和隔气层。库体结构的好坏直接影响制冷效率、机械设备、库体寿命以及冷库管理费用。

3. 气调贮藏库 气调贮藏是在恒温冷藏的基础上，通过提高贮藏环境中的相对湿度、限制乙烯等有害气体积累、调节控制气体成分的贮藏方式。基本原理是利用贮藏环境中较高的二氧化碳和较低的氧，延缓果实呼吸代谢，减少营养物质消耗，抑制微生物活动，推迟果实后熟和衰老进程，防止果实腐败变质，保持果实贮藏品质的过程。在气调贮藏过程中，温度的调节和控制至关重要。

（1）**气调贮藏的特点** 贮藏期在6个月以上或对冷害敏感的品种，均应采用气调贮藏。气调贮藏主要有保鲜效果好、贮藏损耗小、货架期（指果实结束贮藏转为销售经营，直至被消费者食用的商品流通期）长、无污染等特点。气调贮藏能很好地保持果实的原有品质和风味，与恒温冷藏相比，可明显延长苹果贮藏期，大幅度提高其保鲜质量。

（2）**气调贮藏库的组成** 库体须具有良好的隔热和防水性能，并设置严格的气密层。库体可采用砖混结构，保温材料选用聚氨酯发泡或聚苯板夹层；也可用聚氨酯拼装组合而成（这种结构将隔热层、隔气层和隔汽层三位结合成一体，施工简便，还可防止热胀冷缩对气密性的破坏）。气调系统由制氮机（或降氧机）、二氧化碳脱除器和乙烯脱除器组成。制氮机（或降氧机）必不可少；二氧化碳和乙烯可采取人工方法脱除，即二氧化碳用碱石灰脱除，乙烯用高锰酸钾脱除，但效果较差。另外，为保持气调库内外气压的平衡，需要设置水封或伸缩性较大的平衡气囊。为实现自动控制和调节，需配备一整套调节控制库内气体成分的检测仪器和设备，如氧气、二氧化碳测定仪和乙烯测定设备等。此外，为保持果实的新鲜度，防止果实失水，还需配备加湿设备。

第十一章
专家疑难问题解答

一、如何培养结果枝组

结果枝组是指直接着生在骨干枝上，以结果为主的枝群。结果枝组是由以下两种方法培养成的：一是先短截后长放，即对1年生枝先进行短截，然后再进行长放，成花结果；二是先长放后回缩，即对1年生枝先连续长放，结果后再适当回缩。目前生产实践中多用第二种方法培养结果枝组。

二、如何对苹果郁闭园进行改造

郁闭园改造的原则：因园制宜，区别对待，分类改造；技术规范，操作简单，省工省力，循序实施措施配套，效果更显著，连年运用，保障长期有效；稳定产量，提高质量，增加效益，可持续发展。

间伐、间移是改造郁闭园最简单、最根本、最彻底、最有效的方法。首先确定永久与临时行、株，分清主次，区别对待。间伐时注意保持行宽，行距至少比株距大1~2米，以解决光路和部分机械作业问题。根据地形和株行距的实际情况，可隔行间伐（移）或隔双行间伐（移），也可隔株间伐（移）或隔双株间伐（移）。

对亩栽83~111株的乔砧密植园，宜采用间伐方法，视具体情况一次性或渐次性间伐。对亩栽 44～55 株的乔砧密植园，宜采取回缩修剪、提高主干高度的方法。把树体改造成纺锤形或细长纺锤形，珠帘形、纺锤形、组合纺锤形等树形应作为首选树形。

三、如何对老果园更新复壮

苹果树生长到衰老阶段后枯顶、焦顶，树冠外围抽枝变短，内膛结果枝组逐渐衰老枯死。各级骨干枝弯曲下垂，冠积变小，产量下降。在加强土肥水综合管理的基础上进行合理修剪，仍能恢复树势，延长结果年限，保持一定产量，获得较好经济效益。

当主、侧枝延长枝衰弱时，可在主、侧枝前端 2～3 年生部分选取生长旺、角度较小的背上枝作主、侧枝的延长枝培养。把原已衰弱的延长枝去掉。

部分骨干枝衰弱时，应提早进行更新复壮，可在树冠内选择适宜的徒长枝加速培养，使其代替骨干枝。对作骨干枝培养的徒长枝，第一、第二年剪截长些，使其生长缓和；第三、第四年对新分枝适当短截，促其再分枝，控制结果量，对影响培养骨干枝的过密、过弱枝条进行适当处理；第四、第五年可培养出新的骨干枝，形成新树冠。

对树势弱、发枝少、花芽多的树应缩剪弱枝、促发新枝，对新的分枝在饱满处短截，疏去过多花芽，调节好大小年，减轻树体负担，促使枝条良好发育。

修剪树冠完整的衰老苹果树时，本着既要更新，又要结果的原则，以重剪、多截、少疏的原则，以加强恢复树势为主，大枝轻回缩、小枝多更新，刺激其多发枝。大枝应少疏除，少造伤口，以免削弱树势，缩短寿命；短截枝条时，适当回缩先端下垂枝，剪口下应留背上芽、背上枝，抬高枝条开张角度，多留背上中、短枝和向下的饱芽壮枝。

对树冠不完整、缺枝少杈的衰老树修剪时，要利用徒长枝培养新树冠。对无中心干、上部枝条少的树，选上部位置适当的徒长枝培养成中心干。对主、侧枝不健全的树，可在缺枝处利用徒长枝，采用连截法，将其培养成主、侧枝。

对衰弱结果枝组要及时回缩、更新复壮、促进发枝，逐渐形成结果枝组。若内膛空间大，无结果枝组时，可用位置适当的徒长枝或利用接枝的办法培养内膛枝组，恢复树势，提高产量。

四、如何对放任果树进行整形

从未进行过整形修剪或修剪很少的果树称为放任果树。这种树大多树形紊乱，通风透光不良，结果枝组极少，外围枝条细短密集，结果部位外移，产量低而不稳，大小年突出，果小质劣，病虫害严重。

①因树作形，随枝修剪。对放任果树的修剪不能硬套标准树的修剪方法，一定要"因树作形，随枝修剪"。不能大锯大剪，去枝过多，使地上部和地下部失去平衡而削弱树势。应以原树形为基础，根据大枝的着生部位和分布情况，选留永久性的骨干枝，用以培养骨架。对多余的大枝，分别锯除或回缩，将其改造成侧枝和枝组，不要全部锯掉。只要做到树势较为平衡，主从基本分明，枝条分布大致均匀即可。

②开张角度，扩大树冠。大多放任树主枝角度小，树冠郁闭，必须用撑、拉、背、坠和背上枝换头等方法，开张主枝角度，扩大树冠，增大冠幅，培养牢固的骨干大枝，改造成丰产树形。

③揭顶开窗，打开光路。凡树高超过 4.5 米的，应在 4 米高处选留一粗枝，落头开心，揭去顶盖，并对该树上、中、下各部分密集的枝条进行适量疏除和回缩，打开"窗口"，以满足果树的需光量。

④以主代侧，平衡树势。因为放任果树的大枝过多，侧枝

少而又远离主干，因此应选挨着主枝的多余大枝，回缩改造成侧枝，用"以主换侧"来填补主枝侧面的空间，增大结果面积，创造丰产条件。

⑤插枝补空，充实内膛。采用环剥刺激和腹接补枝的方法来解决下部"光腿"现象。

五、如何预防花期受冻

在果树花期来临前就应该做好紧急的防冻措施，果树花期正值早春气温变幅较大、寒流袭击较频的时期，树体难以适应温度剧变，导致果树易遭受不同程度的冻害。受冻的花蕾剥离后，柱头呈黑褐色，直接影响坐果，给果树生产带来重大损失。为此，对倒春寒较明显的地区，果树开花前要密切注意天气预报，若有冷空气来袭，则要提前做好防冻准备，避免损失或是把损失减少到最低程度。主要措施如下。

第一，延迟花期，躲避冻害。

①果园灌水。在果树萌芽前浇水2～3次，花期可推迟2～3天；在发芽后至开花前再灌水1～2次，一般花期可推迟3～5天；在低温霜冻前采取喷2分钟、停2分钟的间歇喷水法向果树喷水，可使花期推迟1周以上。

②树干涂白。春季将果树枝干涂白，能有效减少其对太阳热能的吸收，延迟果树萌芽和开花3～5天。具体方法：树干涂高1米以上，下部主枝涂30厘米以上。成龄树涂前要刮除老翘皮，尤其是枝杈部位要重点涂抹。涂白不但能防冻，而且还能有效防治日灼、病虫危害。其配方为：生石灰8～10份、水20份、石硫合剂原液1份、食盐1份、食用油0.1～0.2份。配制时，先分别用1/2的水化开石灰和食盐，然后加入石硫合剂、油、面粉，充分搅拌均匀即可。

③喷施生长调节剂。如在萌芽前全树喷布萘乙酸甲盐（浓度

250～500 毫克 / 千克）溶液或顺丁烯二酸酰肼（MH）0.1%～0.2% 溶液，可抑制芽的萌动，推迟花期 3～5 天。或在萌芽初期喷 0.5% 氯化钙，也可延迟花期 4～5 天。

第二，改变局部小气候，增加环境温度，可有效减轻冻害。

地头熏烟是防御花期冻害最直接的办法。对于 -2℃以上的轻微冻害效果较好。具体做法是：在果园四周上风口方向燃烧柴禾，随后以土压灭明火，产生烟雾。每亩果园燃放 4～6 个烟堆。

第三，其他补救措施。

①喷施药剂冻害后，一周内连续喷 2 次天达 2116 500 倍液进行修复。

②提高坐果率。一是对受冻较轻的花进行 1～2 次授粉（人工授粉或是花期放蜂）。二是喷施天达 2116 800 倍液＋0.5% 蔗糖水＋0.2%～0.3% 的硼砂，或喷施天达 2116＋0.2% 钼肥，均有减轻冻害和提高坐果率的作用。三是利用腋花芽结果，可弥补部分产量损失。

③加强综合管理，增强果树抗性。花前、花后多施肥料，追施果树专用肥或磷酸二氢钾等复合肥料，配合喷施 800 倍天达 2116 恢复树势；对正在开花的果树，还可于低温冻害发生前向果树喷施磷、钾肥，或 0.3%～0.6% 的磷酸二氢钾水溶液，增强果树的抗寒性，减轻其冻害。

霜冻后应采取如下措施：一是为防止减产和绝产树返旺，苹果树 6～7 月份喷 200～300 倍液 PBO；对旺树主、侧枝于 5 月底至 6 月初进行环剥、旺梢扭梢、拉枝等，剪除剪锯口萌蘖。对果穗、新梢、叶片已焦枯的果树，只保留未受冻或受冻轻的蔓梢，促发新梢。在结果枝上，不论果穗大小，一律保留，无穗新梢或强梢及时摘心，疏去副梢，迫使冬芽萌发二次果。受害轻的果树，选好果（穗），疏果套袋。二是受害严重的树应控制氮肥，合理施用磷、钾肥，注意排水，防止徒长。及时防治苹果斑点落叶病、桃穿孔病、褐斑病、白腐病、霜霉病、黑星病、蚜虫、红蜘蛛等病虫害。

六、怎样避免果树大小年现象

防止果树大小年现象应当采取以下三项措施。

①适当控制花果量。大年果树在保证当年产量的前提下，适当控制花果量，这样可以减少养分消耗，促进花芽形成，为小年丰产奠定基础。小年果树尽量多保留花芽，增大果个，促进小年夺得高产。

②适度合理修剪。大年果树要控制花芽留量，一般果树花芽和叶芽的比例为 1∶4 左右，中、长果枝多打头，剪掉腋花芽，缩剪和疏除多年生弱枝组和弱花芽。对营养枝（没有花的枝）一般短截，背上直立枝轻打顶。小年树的果枝要全部保留，营养枝一般适当多重截、少缓放，弱树和弱枝组加强回缩更新。

③适时疏花疏果。由于一些果树的花芽在冬剪时很难识别，因此需要对大小年的果树进行复剪，也就是在春天能识别叶芽和花芽时进行，最好结合疏花一次搞完，对于修剪不当或疏花不细的，均要在花后的 20～25 天内进行疏果 1 次。一般每个果枝留 1～3 个果为宜。此外，在生长季节要加强土肥水，除虫、锄草等综合管理，以便增强树势，提高果树产量，防止果树产生大小年现象。

七、如何合理间作提高果园前期收益

在果园中合理地安排间作物，不仅可以培肥地力，促进幼树生长，加快成园速度，还能保持水土，改善果园生态环境。更重要的是通过间作可以提高经济效益，为建园者发展生产、改善生活提供资金，从而取得较好的综合效益。

间作应以有利于培肥地力，促进幼树生长为目的。新建果园肥力低，土壤养分不能持续稳定地供幼树生长需要，通过种植养地作物可以达到增加土壤养分、培肥地力的目的。因此，在选择果园间种作物时，以黄豆、花生等养地作物为主。在不影响幼树生长的前提下，选择经济效益高的作物。

八、怎么提高苹果采后效益

苹果采后处理包括挑选、分级、预冷、包装贮运等环节，经过处理后的苹果，果实表面光洁，果个大小均一，色泽度基本一致，商品性状明显提高，其常温保鲜期大大延长，可以满足苹果市场对高档苹果的需求，同时可提高销售价格，增加苹果生产者和经营者的经济效益。

挑选：这是苹果采后处理的第一个环节，目的是剔除有机械伤、病虫危害、外观畸形等不符合商品要求的果品，以利于下一步的分级、包装和贮运。

分级：除按照果形、大小、色泽、质地等其他特征进行分级，还要根据果实的横径分为若干的等级。

降温：也叫预冷。苹果采摘后带有大量的田间热，并且果实本身呼吸作用旺盛，放出热量也较多，若采收后立即包装贮藏，则易发热腐烂。采摘后进行散热降温可以更好地降低果品的生理活性，减少营养成分的损失和水分的损失，还能够延长果实的贮藏寿命，改善果实贮藏后的品质。就苹果而言，较经济的预冷方法是自然预冷，即将产品放在通风的地方使其自然冷却。常用的方法是在荫凉通风的地方做土畦，深15厘米左右、宽1.2米左右，把果实放入畦内，排放厚度以4～5层果为宜，白天遮阴，夜间揭去覆盖物通风降温，降雨或有雾和露水时应进行覆盖，以防止雨水或雾、露水接触果实表面。经1～2夜预冷后，于清晨气温尚低时将果实封装入储或直接入储。若清晨露水较重，则应于该天傍晚将覆盖物撑起至离果20～30厘米处，这样可达到预冷又防露的目的，翌日清晨即可入储。

九、苹果套袋的注意事项有哪些

套袋时间：红色品种，如新红星、乔纳金、红富士等，一般在谢花后 25～40 天，即疏果的半月内将袋套上。一般在 6 月上旬进行，麦收前全部套完。红富士果实在袋子内的生长期一般应在 50 天以上。

套袋方法：套苹果袋前，先向袋内充气，使纸袋呈膨胀状态，以防纸袋贴近果面发生日灼，然后将幼果套入袋内，让果实处于纸袋的中央部位，将纸袋上口扎紧，使果苔副梢和叶片暴露在纸袋外面。使用双层袋时，不要把铁丝捆在果柄上，以免风雨摇摆伤了果柄，造成落果。因纸袋的生产厂家不同，规格不同，绑扎的要求也有所不同，使用时应按要求进行。

及时补钙：套袋苹果从套袋前到摘袋后易发生黑点病及痘斑病，影响果实品质及贮藏性能。苹果套袋前要喷 2～3 次优质钙肥。套袋前喷施 1～2 次优质钙肥，摘袋后再喷 1 次。

套袋后定期检查：发现袋的卡口自然松开、掉袋、漏袋等现象，要随时纠正。刮风、下雨、喷药后要勤检查，防止纸袋紧贴果面，影响通气、排水，避免发生日灼。

适量疏枝，防止日灼病：在高温干旱的夏、秋季对苹果树背上枝、内膛过密枝要适当疏除，但不能疏的太多；摘袋后，再进行适量疏枝。

套袋后的苹果树不宜环剥：套袋苹果环剥会导致果实黑点病、水心病的大发生，而且果实果个变小、硬度降低、着色差、易发生日灼。所以，套袋苹果树促花措施以环切、拉枝、拧枝、摘心为好。

加强病虫害防治：套袋苹果在生长期间必须保护好叶片，病害主要是早期落叶病，害虫主要是食叶害虫如金纹细蛾、红蜘蛛等。杀菌、杀虫剂可选用杜邦易保、安泰生、三氟氯氰菊酯、甲氰菊酯等。

十、如何防治苹果贮藏期病害

苹果贮藏期病害大体可分为生理性病害和侵染性病害两大类，可使果实品质降低甚至腐烂，缩短贮藏寿命，加大养分损耗。

第一，生理性病害及其预防。

①苦痘病。又名苦陷病，是苹果贮藏前期常见的生理病害。发病初期，病斑皮下浅层果肉褐变，而后果皮出现以皮孔为中心的圆斑，绿色和黄色品种病斑呈深绿色，红色品种病斑呈紫红色。病斑稍凹陷，果肉呈蜂窝状，有苦味。发病主要原因是果实中钙含量较低及氮钙比较高。此外，成熟期气温高而干旱，水分失调，修剪过重，贮藏温度过高都容易发生此病。

预防：一是要加强果树管理，维持稳定的树势，防止枝条徒长。二是生长后期少施氮肥，注意根外补施钙肥。三是果实发育中后期喷施 0.8% 硝酸钙溶液或 0.5% 氯化钙溶液 4～7 次，先后间隔 20 天左右为宜。四是采后用 2%～6% 钙盐（如氯化钙）浸果，效果也很明显。

②虎皮病。又名褐烫病、晕皮病，是苹果贮藏后期发生最严重的生理病害，多数品种易感此病，但发病程度不同。发病初期部分果皮变为淡黄色，表面平坦或果点周围略有不规则突起，以后变为褐色至暗褐色；严重的果肉变软，略带酒味。病变多在果实的绿色部分先发生，严重时才蔓延到着色部分。多发生在贮藏后期的温度过高、通风不良等贮藏环境下，病果容易感染真菌而腐烂。虎皮病的发生与果实采收过早、着色差、氮肥使用过量有关。果个大的发病率较高，故大果型品种一般不宜作长期贮藏。

预防：一是适时采收，控制氮肥，合理修剪，促进着色。二是在贮藏期间控制好温度，加强通风。三是采用气调贮藏的应适当增加二氧化碳浓度。用 0.25%～0.35% 乙氧基喹啉液于 25℃ 温度条件下浸果，或用药纸包果，对预防虎皮病都有良好效果。

③水心病。又称蜜果病，是果实成熟时和贮藏初期发生的一种生理病害。发病初期果皮上出现水渍状斑点，或者果心部位呈水渍状病变，病变分布不均匀。病果细胞间充水，比重较大，含酸量较低，并有醇的积累。到了后期，病组织败坏变成褐色。果园旱涝不均、施肥不足、树势弱，果实容易发病；在苹果树南侧、西侧的果实和暴露在阳光下的果实更易发生水心病；果实中钙含量低，氮、钾含量高，病害易发生。

预防：一是盛花期后的第三、第五周和采摘前的第八、第十天，分别向果实喷浓度为 0.4%～0.6% 硝酸钙溶液。二是在生长期增施磷肥。三是采摘期提前 10～15 天，可以减轻该病的发生。四是采收后用 0.4%～0.6% 氯化钙溶液浸果 5 分钟，晾干后冷藏，也可减轻病害发生。

第二，侵染性病害及其预防。

①炭疽病。主要在生长季节侵染危害果实与枝梢，果实贮运期继续危害。临近采收期受侵染的果实，常在贮藏前期出现症状。初期病斑呈针尖状褐色小点，随后逐渐发展成大小不一的淡褐色圆形凹斑，逐渐从果皮向果实内部呈漏斗状腐烂；果肉变褐，有轻微苦味。病斑表面凹陷，从病斑中心向外生成明显的同心轮纹。多数病斑融合成大块不定型病疤，致使果实大部发病腐烂。

预防：一是以田间防治为主，加强栽培管理和药剂防治。二是生理落果后 1 个月内完成果实套袋，套袋前先喷 1 次杀菌剂，采前 1 个月除袋，以利果实着色。三是选果后贮运前用 70% 甲基硫菌灵 800～1000 倍，或 50% 多菌灵 1000 倍液浸果或喷果。四是入库前对库内进行严格消毒。五是贮期力求稳定的低温，一般保持在 0～1℃为好。

②青霉病、绿霉病。贮运过程中最严重的烂果病害之一，尤

其是塑料袋装的苹果发生严重。发病初期果面呈黄白色，圆形病斑下陷，并由果皮向果肉深层腐烂，烂果肉呈漏斗状。在潮湿空气中病斑表面初为白色菌丝，以后变为青绿色粉状孢子。孢子易随风飞散侵染其他果实。腐烂果有特殊的霉味。环境湿度高时，病斑扩展很快，发病后 10 天左右全果腐烂。

预防：一是入贮时避免损伤和注意剔除虫、鸟和自然伤果。二是入贮前果库要清扫干净并用硫黄熏蒸，或喷 50% 福尔马林液进行全面消毒，也可用 500～1 000 毫克/千克苯菌灵、甲基硫菌灵、多菌灵药液浸泡；也可用 100～200 毫克/千克仲丁胺，或 0.5%～2% 乙醛熏蒸处理 1～3 小时。三是创造适宜的贮藏条件，普通冷藏温度 0～1℃，相对湿度 85%～93%；气调贮藏温度 0～2℃，空气相对湿度 90%～93%，二氧化碳含量 6%～8%。

③褐腐病。病菌大多从伤口处侵入果实，与病果接触也可传染。开始时果面出现褐色软腐状小病斑，随后迅速向四周扩展，全果腐烂。

预防：一是采果后，用 2%～4% 氯化钙溶液浸果 10 分钟。二是入库贮藏时严格选果，防止机械损伤，避免贮藏期形成大量发病烂果。三是入贮前可用保果灵或仲丁胺衍生物 18 号 100 倍液洗果，或用仲丁胺熏蒸果实。

④轮纹病。果实近成熟期或贮藏期发病。果实受害时，以皮孔为中心生成水渍状褐色小斑点，并很快呈同心轮纹状向四周扩大，病斑淡褐色或褐色。病斑发展迅速，条件适宜时，几天内即可使病果全部腐烂，并发出酸臭气味。病部中心表皮下逐渐散生黑色粒点，病果腐烂多汁。

预防：一是采收、包装、贮藏的场所和器皿要严格消毒，可用仲丁胺熏蒸，使贮藏环境空气中含药剂量达 100～200 微升/升以消灭侵染性病原。二是改善贮藏条件，降低贮藏温度，采用气调措施也有一定效果。低温、低氧和高二氧化碳均能在一定程度上抑制真菌的生活力。

十一、如何防治苹果缺素症

苹果树缺素症又称生理性危害或非侵染性危害，是由生长环境中缺乏某种营养元素或营养物质，因某种原因不能被根系吸收利用而引起的。缺素症通常可通过施用相应的大量或微量元素肥料进行矫正。为尽早发现苹果树缺素症，并及时对症下药，及早消除或减轻缺素对果树及苹果产量和品质的影响，现介绍八种苹果树常见的缺素症的防治方法。

①缺氮。结合秋施基肥或者苹果开花前追施氮肥，在基肥中混以无机氮肥（尿素、硫酸铵）或追施纯氮肥，未结果树株施0.25～0.45千克；初结果树0.45～1.4千克；盛果树1.4～1.9千克。果树生长期，叶面喷0.5%尿素液或高氮叶面肥。

②缺磷。基施有机肥和无机磷肥或含磷复合肥，生长期喷施0.2%～0.3%磷酸二氢钾或高磷叶面肥，连喷2～3次。

③缺钾。秋季基施充足的有机肥料，如猪粪、牛粪、草木灰、秸秆肥等，以满足果树生长发育对钾的长期需求。幼果膨大期开始，追施硫酸钾20～25千克/亩。叶面喷施0.2%～0.3%磷酸二氢钾水溶液，或1%～2%硫酸钾，或高钾叶面肥。

④缺铁。改良土壤，释放被固定的铁元素，是防治黄叶病的根本性措施；春旱时用含盐量低的水浇灌压碱，减少土壤含盐量；采用喷灌或滴灌浇水，不能采用大水漫灌；雨季注意排水，保持苹果园不积水，土壤通气性良好。缺素重的果园发芽前喷0.3%～0.5%硫酸亚铁溶液，或在生长季节喷0.1%～0.2%的硫酸亚铁溶液或高铁叶面肥，每隔20天喷1次。也可于果树中、短枝顶部1～3片叶开始失绿时，喷黄腐酸二胺铁200倍液，或0.5%尿素+0.3%硫酸亚铁，效果显著。

⑤缺镁。增施有机肥，可补充镁且减轻镁的流失。酸性土壤中，可施镁石灰或碳酸磷。对缺镁的土壤，可把硫酸镁混入有机

肥中，同时注意混入磷、钾、钙肥等。在6～7月份喷1%～2%硫酸镁溶液2～3次，或用2%～3%硫酸镁或高镁叶面肥。

⑥缺硼。扩穴改土，压埋绿肥。多施用花生饼、黄豆饼与牛、猪粪沤制的有机液肥，配合施用复合肥或复混肥，避免偏施、重施氮肥和磷肥。注意保持园土湿润，减少土壤流失。夏、秋多雨季节土壤水分过多时，应注意开沟排除积水。秋季落叶后或早春发芽前，结合果树施肥采用轮状沟或放射状沟施入硼砂或硼酸。在开花前、开花期和开花后各喷1次0.3%硼砂水溶液，见效快，效果良好。

⑦缺锰。叶片生长期，喷以3%硫酸锰水溶液，喷3次，每次间隔半月以上。枝干涂抹硫酸锰溶液或者直接喷施高锰叶面肥。

⑧缺钙。增施有机肥，增加土壤中可吸收钙的含量。生长期喷志信硼钙宝2 000倍液，或柯普锐钙2 000倍液，于苹果幼果期、套袋前、套袋后和采果后各喷1次。

附　录

苹果园优质化管理工作年历

时期 （物候期）	主要管理工作	技术操作要点
1～3月份 （萌芽期）	冬剪，补施基肥。防治苹果腐烂病、枝干轮纹病、干腐病和越冬代害虫	①依据栽植密度、砧木等选定适宜幼树树形，按整形要求建成标准、牢固的骨架结构，疏除密生枝、竞争枝等，适度短截骨干枝，开张各主、侧枝角度；结果枝冬剪时及时调整树体结构，对密植郁闭果园实施控冠改形修剪技术，疏除过密大枝；落头开心，控制上强与树高；采取以疏为主，缓、疏、缩相结合的修剪技术，培养结果枝组，剪后每亩枝量控制在7万～9万条。 ②上一年秋季未施基肥果园，早春补施，幼树园每亩施优质农家肥1 500～2 000千克，结果园为4 000～5 000千克。 ③结合冬剪，剪除病虫枝梢、病僵果，刮除病斑、干腐病、腐烂病皮、老粗翘皮、病瘤，把上述剪刮下的病残组织及时深埋或烧毁；然后全园喷1次杀菌剂，药剂可选用腐必清80～100倍液，或3～5波美度石硫合剂，或45%晶体石硫剂30～50倍液，对腐烂病疤涂药
4月上旬到下旬 （萌芽至开花期）	花前复剪，追肥，灌水和疏花等。防治苹果枝干轮纹病、腐烂病、干腐病、果实霉心病、苹果瘤芽、绣线菊蚜、卷叶虫等	①花芽膨大期，对花多的树进行复剪，按花芽与叶芽比为1∶4～5调节好花芽和叶芽比例；追肥以氮为主，参考施肥量：幼树每亩施尿素10千克，结果树加倍，施肥后灌1次透水；丘陵山地果园可推广果园穴贮肥水地膜覆盖技术。 ②花序露出至分离期，按间距法进行人工疏花，每枝从里向外每15～20厘米留1个花序，同时疏去所留花序中的部分边花。

续表

时期 （物候期）	主要管理工作	技术操作要点
4月上旬 到下旬 （萌芽至 开花期）	花前复剪，追肥，灌水和疏花等。防治苹果枝干轮纹病、腐烂病、干腐病、果实霉心病、苹果瘤芽、绣线菊蚜、卷叶虫等	③随时刮除大枝、树干上的轮纹病瘤、病斑及腐烂病和干腐病病皮，轮纹病瘤应刮除至斑点露白程度，然后涂抹腐必清10～20倍液，或2.12%的腐殖酸铜（843康复剂）原液，杀菌消毒；苹果花序露出至分离期，全树喷布45%硫悬浮剂300～400倍液，或10%多抗霉素1000～1500倍液，或50%异菌脲1000～1500倍液，加40%乐果乳油800～1000倍液，或10%吡虫啉2000～3000倍液，或48%毒死蜱1000～2000倍液
4月下旬至 5月上旬 （开花期）	人工辅助授粉，喷硼等	①开花当日和翌日为授粉最佳时间，将采集好的花粉与滑石粉或干燥细淀粉按1∶2～5的比例混匀，装入洁净小瓶中，用小毛笔、气门芯、橡皮头等授粉工具进行人工点授，每花序点授中心花和1～2朵边花；也可采用昆虫授粉方式，主要有蜜蜂传授和壁蜂授粉。 ②盛花期喷0.3%的硼砂液，可提高坐果率并防治果实缺硼症；对幼旺树的花枝从基部1～5厘米处环剥1毫米宽，小枝环割1圈，可提高坐果率
5月中旬至 6月中旬 （幼果期）	疏果，灌水，叶面喷肥，中耕除草，果实套袋和夏剪等。防治果实轮纹病、炭疽病、早期落叶病和叶螨、蚜类、卷叶虫类、金纹细蛾等	①花后10天开始人工疏果，按枝间距法，中、小型果品种15～20厘米、大型果品种20～25厘米留单果，留中心花果，其余全部疏除，花后26天内完成。 ②花后果园及时灌水1～2次；结合喷施0.3%尿素，或0.2%氨基酸复合肥，或0.3%氯化钙或0.3%高效钙2～3次；清耕果园，行内及时中耕除草。 ③红色品种在落花后30～40天开始套袋，选用双层果袋。绿色品种和黄色品种花后10～15天开始套袋，选用单层或浅色纸袋；套袋前2～3天全园喷1次杀菌剂，可选用70%甲基硫菌灵可湿性粉剂800倍液，或50%多菌灵可湿性粉剂600～700倍液，同一果园（片）应在1周内套完。

续表

时期 （物候期）	主要管理工作	技术操作要点
5月中旬至 6月中旬 （幼果期）	疏果，灌水，叶面喷肥，中耕除草，果实套袋和夏剪等。防治果实轮纹病、炭疽病、早期落叶病和叶螨、蚜类、卷叶虫类、金纹细蛾等	④幼树及时拉枝开角，疏除剪锯口及主干上的萌蘖，对背上枝、竞争枝及时摘心、扭梢或疏除；结果树及时疏除萌蘖枝及背上徒长枝等。 ⑤一般需喷药2～3次。花后7～10天，喷1次杀菌剂加杀虫杀螨剂，选用药剂：50%多菌灵可湿性粉剂600～800倍液，或70%甲基硫菌灵800～1000倍液等，加入20%达螨灵2000～3000倍液，或20%四螨嗪2000倍液。第二次在落花后30天左右，果实套袋前2～3天进行，选用杀菌剂：50%多菌灵可湿性粉剂600～800倍液，或70%甲基硫菌灵可湿性粉剂800倍液，或7.2%甲硫酮300～400倍液，或80%代森锰锌可湿性粉剂800倍液等，加入25%除虫脲可湿性粉剂1600～2000倍液，或25%灭幼脲3号悬浮剂1500～2000倍液，或20%氰戊菊酯乳油2000～4000倍液；发生绵蚜的果园，加入48%毒死蜱1500倍液
6月下旬至7月中旬（花芽分化至果实膨大期）	追肥灌水，叶面喷肥，果园覆草及夏季修剪等。防治果实轮纹病、炭疽病、褐斑病、斑点落叶病和桃小食心虫、叶螨、二斑叶螨等	①追肥以磷、钾肥为主，幼树株施尿素或磷酸二铵50～250克，结果期树施磷酸二铵1000克＋硫酸钾500克或撒可富1500克，施肥后浇水，若遇干旱少雨，应灌水2次；结合喷药叶面肥2～3次。 ②6月底可全园或行内覆草，用麦秸、麦糠、玉米秸、干草等覆盖树盘，厚度15～20厘米，覆盖前应先浇水造墒，追肥，覆草后上面压少量土。 ③继续做好幼树及结果树的夏剪工作，疏除过密枝梢和徒长枝。

续表

时期（物候期）	主要管理工作	技术操作要点
6月下旬至7月中旬（花芽分化至果实膨大期）	追肥灌水，叶面喷肥，果园覆草及夏季修剪等。防治果实轮纹病、炭疽病、褐斑病、斑点落叶病和桃小食心虫、叶螨、二斑叶螨等	④采用1:2.5:200倍波尔多液与多菌灵、甲基硫菌灵、代森锰锌等杀菌剂交替使用，一般每隔15天左右喷药1次；斑点落叶病病叶率达30%～50%时，喷布10%多抗霉素可湿性粉剂1 000～1 500倍液，或50%异菌脲可湿性粉剂1 000～1 500倍液；未套袋果园，桃小食心虫越冬代出土开始期和盛期，树上卵果率达1%～1.5%时，树上喷10%联苯菊酯乳油3 000～5 000倍液，或2.5%溴氰菊酯乳油3 000～4 000倍液，或2.5%氯氟氰菊酯乳油2 000～3 000倍液等；做好叶螨的预测预报，每片叶有活动螨3～4头时，喷洒1.8%阿维菌素4 000～5 000倍液，或25%三唑锡1 500～2 000倍液，加入20%四螨嗪悬浮剂2 000～3 000倍液及25%灭幼脲3号悬浮剂1 000～1 500倍液等
7月下旬至9月上旬（果实迅速膨大期）	追肥、叶面喷肥，地下管理、夏剪及早熟品种果实采收等。防治果实轮纹病、炭疽病、苹果褐斑病、斑点落叶病及叶螨等	①8月上旬对晚熟品种结果园追肥1次，以磷、钾肥为主，每株施三元复合肥1～1.5千克；叶面用0.3%磷酸二氢钾喷施，结合喷药喷施2～3次。②生草制果园当草长到20～30厘米高时及时刈割，留茬高度8厘米左右，并覆盖树盘；清耕制果园及时中耕除草。③继续搞好果园的夏剪工作，早熟品种及时采收销售。④波尔多液与50%多菌灵+80%三乙膦酸铝、7.2%钾硫酮、80%代森锰锌交替使用，视降雨量多少，一般每隔10～15天喷药1次；继续做好叶螨的预测预报，每叶有活动螨6～7头时，可喷上述杀螨剂防治；其他病虫害防治同上

续表

时期 （物候期）	主要管理工作	技术操作要点
9月中旬至10月下旬（果实着色至采收）	除果袋，地下铺反光膜，摘叶、转果，秋季疏枝，秋施基肥及适期采收等。防治果实轮纹病、炭疽病和桃小食心虫等	①红色品种果实采收前20～30天摘除果袋，先去除外袋，3～5天晴天后摘除内袋；摘袋后树冠下铺设反光膜，疏除过密枝和徒长枝，摘叶、转果，摘叶量要控制在总叶量的30%以内；黄色品种和绿色品种可不除袋，带袋采收。 ②果实适期采收后，及时秋施基肥，结果树每亩施优质农家肥4 000～5 000千克，并掺入适量磷肥，每亩施过磷酸钙150～200千克；幼树园每亩施优质农家肥1 500～2 000千克。 ③采收前20天，喷施1次80%代森锰锌可湿性粉剂800倍液，或75%百菌清可湿性粉剂600倍液；在苹果堆放地铺3厘米厚的细沙，诱捕脱果做茧的桃小食心虫幼虫
11至12月份（落叶至休眠期）	施基肥，深翻改土，灌水及防治落叶中越冬的病虫	①继续秋施基肥，施肥量同上；结合基肥，对果园进行深翻改土；全园秋施基肥后于11月中旬灌水1次。 ②清除落叶、杂草，深埋或烧毁；对苹果轮纹病严重的树，可全树喷50%多菌灵可湿性粉剂100倍液1次

参考文献

［1］郗荣庭．果树栽培学总论［M］．第3版．北京：中国农业出版社，2006．

［2］张玉星．果树栽培学各论［M］．北方本．北京：中国农业出版社，2003．

［3］张国海，张传来．果树栽培学各论［M］．北京：中国农业出版社，2008．

［4］劳秀荣．果树施肥手册［M］．北京：中国农业出版社，2000．

［5］王连荣．园艺植物病理学［M］．北京：中国农业出版社，2003．

［6］汪景彦．苹果优质生产入门到精通［M］．北京：中国农业出版社，2001．

［7］张力飞，王国东．苹果优质高效生产技术［M］．北京：化学工业出版社，2011．

［8］杨洪强．绿色无公害果品生产全编［M］．北京：金盾出版社，2008．

［9］郭民主．苹果安全优质高效生产配套技术［M］．北京：中国农业出版社，2006．

［10］吕英华．无公害果树施肥技术［M］．北京：中国农业出版社，2003．

三农编辑部新书推荐

书 名	定价	书 名	定价
西葫芦实用栽培技术	16.00	山楂优质栽培技术	20.00
萝卜实用栽培技术	19.00	板栗高产栽培技术	22.00
设施蔬菜高效栽培与安全施肥	32.00	猕猴桃实用栽培技术	24.00
特色经济作物栽培与加工	26.00	桃优质高产栽培关键技术	25.00
黄瓜实用栽培技术	15.00	李高产栽培技术	18.00
西瓜实用栽培技术	18.00	甜樱桃高产栽培技术问答	23.00
番茄栽培新技术	16.00	柿丰产栽培新技术	16.00
甜瓜栽培新技术	14.00	石榴丰产栽培新技术	14.00
魔芋栽培与加工利用	22.00	核桃优质丰产栽培	25.00
茄子栽培新技术	18.00	脐橙优质丰产栽培	30.00
蔬菜栽培关键技术与经验	32.00	苹果实用栽培技术	25.00
百变土豆 舌尖享受	32.00	大樱桃保护地栽培新技术	32.00
辣椒优质栽培新技术	14.00	核桃优质栽培关键技术	20.00
稀特蔬菜优质栽培新技术	25.00	果树病虫害安全防治	30.00
芽苗菜优质生产技术问答	22.00	樱桃科学施肥	20.00
大白菜优质栽培新技术	13.00	天麻实用栽培技术	15.00
生菜优质栽培新技术	14.00	甘草实用栽培技术	14.00
快生菜大棚栽培实用技术	40.00	金银花实用栽培技术	14.00
甘蓝优质栽培新技术	18.00	黄芪实用栽培技术	14.00
草莓优质栽培新技术	22.00	枸杞优质丰产栽培	14.00
芹菜优质栽培新技术	18.00	连翘实用栽培技术	14.00
生姜优质高产栽培	26.00	香辛料作物实用栽培技术	18.00
冬瓜南瓜丝瓜优质高效栽培	18.00	花椒优质丰产栽培	23.00
杏实用栽培技术	15.00	香菇优质生产技术	20.00
葡萄实用栽培技术	22.00	草菇优质生产技术	16.00
梨实用栽培技术	21.00	食用菌菌种生产技术	32.00
设施果树高效栽培与安全施肥	29.00	食用菌病虫害安全防治	19.00
砂糖橘实用栽培技术	32.00	平菇优质生产技术	20.00
枣高产栽培新技术	15.00		

三农编辑部新书推荐

书　名	定　价	书　名	定　价
怎样当好猪场场长	26.00	蜜蜂养殖实用技术	25.00
怎样当好猪场饲养员	18.00	水蛭养殖实用技术	15.00
怎样当好猪场兽医	26.00	林蛙养殖实用技术	18.00
提高母猪繁殖率实用技术	21.00	牛蛙养殖实用技术	15.00
獭兔科学养殖技术	22.00	人工养蛇实用技术	18.00
毛兔科学养殖技术	24.00	人工养蝎实用技术	22.00
肉兔科学养殖技术	26.00	黄鳝养殖实用技术	22.00
肉兔标准化养殖技术	20.00	小龙虾养殖实用技术	20.00
羔羊育肥技术	16.00	泥鳅养殖实用技术	19.00
肉羊养殖创业致富指导	29.00	河蟹增效养殖技术	18.00
肉牛饲养管理与疾病防治	26.00	特种昆虫养殖实用技术	29.00
种草养肉牛实用技术问答	26.00	黄粉虫养殖实用技术	20.00
肉牛标准化养殖技术	26.00	蝇蛆养殖实用技术	20.00
奶牛增效养殖十大关键技术	27.00	蚯蚓养殖实用技术	20.00
奶牛饲养管理与疾病防治	24.00	金蝉养殖实用技术	20.00
提高肉鸡养殖效益关键技术	22.00	鸡鸭鹅病中西医防治实用技术	24.00
肉鸽养殖致富指导	22.00	毛皮动物疾病防治实用技术	20.00
肉鸭健康养殖技术问答	18.00	猪场防疫消毒无害化处理技术	22.00
果园林地生态养鹅关键技术	22.00	奶牛疾病攻防要略	36.00
山鸡养殖实用技术	22.00	猪病诊治实用技术	30.00
鹌鹑养殖致富指导	22.00	牛病诊治实用技术	28.00
特禽养殖实用技术	36.00	鸭病诊治实用技术	20.00
毛皮动物养殖实用技术	28.00	鸡病诊治实用技术	25.00
林下养蜂技术	25.00	羊病诊治实用技术	25.00
中蜂养殖实用技术	22.00	兔病诊治实用技术	32.00